Ressources génétiques des mils en Afrique de l'Ouest

Diversité, conservation et valorisation

Actes de l'atelier
« Diversité, conservation et valorisation des ressources génétiques des mils »
ICRISAT, Niamey (Niger), 28-29 mai 2002

Ressources génétiques des mils en Afrique de l'Ouest

Diversité, conservation et valorisation

Éditeurs scientifiques
Gilles Bezançon
Jean-Louis Pham

IRD Éditions
INSTITUT DE RECHERCHE POUR LE DÉVELOPPEMENT

Collection Colloques et séminaires

Paris, 2004

Mise en page
Bill production

Fabrication et coordination
Corinne Lavagne

Maquette de couverture
Michelle Saint-Léger

Maquette intérieure
Catherine Plasse

Photo de couverture
IRD/G. Bezançon :
« Paysan nigérien sarclant son champ de mil. »

ISSN : 0767-2896
ISBN : 2-7099-1544-8

L'atelier « **Diversité, conservation et valorisation des ressources génétiques des mils** »
(Niamey, 28-29 mai 2002)

a été organisé par

Institut de Recherche pour le Développement (IRD)
Université Pierre et Marie Curie (UMPC-Paris VI)
International Crops Research Institute for Semi-Arid Tropics (ICRISAT-Sahelian Center, Niger)
Institut national de la recherche agronomique du Niger (INRAN)

Comité d'organisation

Gilles Bezançon, Chargé de Recherche (IRD)
Emmanuel Couturon, Assistant Ingénieur (IRD)
Bruno Gérard, Chercheur (ICRISAT)
Jean-Pierre Guengant, Représentant de l'IRD au Niger
Jean-Louis Pham, Chargé de Recherche (IRD)

Appui logistique

Patrick Blanchon (Régisseur IRD-Niger)
Maïga Sadou Fatouma (Secrétaire de Direction IRD-Niger)

Cet atelier a été cofinancé par

l'UMR Diversité et Génomes des Plantes Cultivées (IRD-INRA-ENSA-M),
la Délégation à l'Information et à la Communication (IRD),
l'ICRISAT et le SCAC de l'Ambassade de France au Niger.

Sommaire

Présentation

Le mil représente, avec le sorgho, la base de l'alimentation pour une part importante de la population des continents africain et indien. C'est dans les zones arides et semi-arides de l'Afrique et de l'Inde que cette culture est la plus développée, respectivement 14,5 millions d'ha et 13 millions d'ha (FAO, 2000). C'est la céréale la plus tolérante à la sécheresse et elle est cultivée, au Sahel, dans des zones où la pluviosité ne dépasse pas 200 mm. Pour ces raisons, la conservation, l'évaluation et la valorisation des ressources génétiques des mils représentent un enjeu considérable. En Afrique, la culture du mil est une culture à risques : le semis effectué à l'arrivée des pluies doit être renouvelé plusieurs fois, en cas de mauvaise pluviométrie, et les périodes de sécheresse qui interviennent à certaines phases critiques du cycle de développement peuvent faire chuter fortement les récoltes. La plante est d'autre part la cible de nombreux parasites et prédateurs. Il s'agit d'une culture extensive et les variétés sélectionnées ainsi que les technologies améliorées sont très peu répandues. Ce sont les variétés locales précoces ou tardives qui prédominent. Elles sont mises en place sur des sols souvent pauvres, ne bénéficient d'aucun travail du sol et ne reçoivent que de faibles apports d'intrants (fumure organique par la pratique du parcage) : les rendements sont peu élevés (400-500 $kg.ha^{-1}$) comparés à ceux obtenus pour les autres céréales cultivées en milieu tropical telles que le riz ou le maïs. Le mil peut être intégré dans des systèmes de cultures associées, avec le niébé par exemple. Les grains, d'une valeur nutritive supérieure à celle du blé ou du riz, représentent la principale utilisation de la plante. Ils sont consommés sous forme de pâte, de bouillie, de couscous ou encore de galettes et peuvent entrer, dans certaines régions, dans la fabrication de boissons alcoolisées (bière de mil). La paille peut également être utilisée comme fourrage ou encore dans la construction des habitations traditionnelles pour la fabrication des toitures et des clôtures.

Les 3/4 de la production africaine proviennent de l'ouest du continent, les pays les plus producteurs étant par ordre décroissant : le Nigeria, le Niger, le Burkina Faso, le Tchad, le Mali et la Mauritanie. En Afrique de l'Est, le Soudan et l'Ouganda sont les premiers producteurs alors qu'en Afrique australe cette culture traditionnelle a pratiquement disparu.

Au Niger, deuxième pays producteur en Afrique, le mil est une culture de première importance : il représente 73 % de la production céréalière et les 2/3 des terres cultivées (5 millions d'hectares). La production est de l'ordre de 2 millions de tonnes pour des rendements moyens de 400 $kg.ha^{-1}$. La production annuelle est en augmentation mais ceci est dû à l'augmentation des surfaces cultivées et non pas à la progression des rendements, qui au contraire sont en diminution du fait de la forte réduction des périodes de jachères et par conséquence de l'appauvrissement des sols. Au Niger, comme d'une manière générale dans toute l'Afrique de l'Ouest, les variétés issues des programmes d'amélioration variétale, même si elles existent, ont un impact négligeable. Elles sont moins bien adaptées que les variétés locales et on observe par ailleurs des insuffisances au niveau de la production et de la diffusion des semences. Les variétés hybrides, prometteuses dans d'autres régions de culture du mil telles que l'Inde, n'en sont, en Afrique de l'Ouest, qu'à leurs premiers balbutiements.

Ressources génétiques

L'Afrique de l'Ouest représente la zone d'origine et de diversification des mils cultivés (*Pennisetum glaucum* subsp. *glaucum*) et l'on peut encore y trouver des populations de la forme sauvage (*P. glaucum* subsp. *monodii*), ancêtre présumé de la forme domestiquée. La disparition d'un nombre relativement important de variétés locales causée, d'une part, par l'extension du front de la sécheresse dans les zones particulièrement exposées aux aléas climatiques et, d'autre part, par les transformations socio-économiques de certains pays, a conduit la FAO, puis l'IBPGR (International Board for Plant Genetic Resources), à entreprendre au début des années 1970 la collecte et la conservation des ressources génétiques des mils en Afrique de l'Ouest et du Centre. L'ICRISAT (International Crops Research Institute for the Semi-Arid Tropics) a coordonné ces collectes réalisées en collaboration avec l'IBPGR, l'ORSTOM et les Institutions Nationales de Recherche Agronomique. Une collection mondiale de près de 24 000 échantillons (variétés locales et formes sauvages confondues) originaires de 44 pays différents est actuellement conservée au Centre ICRISAT de Patancheru en Inde (conservation à long et moyen termes). D'autres sites de conservation existent, notamment au Centre IRD de Montpellier (conservation à moyen terme pour environ 3 200 échantillons dont 11 % appartiennent à la forme sauvage) et au Centre Sahélien de l'ICRISAT de Sadoré au Niger. Des doubles de ces collections existent au Centre de conservation des ressources génétiques d'Ottawa au Canada ainsi qu'au NSSL (National Seed Storage Laboratory) de Fort Collins aux Etats-Unis pour une conservation à long terme. L'ensemble de ces collections représente, en tant que matériel végétal de départ, un capital considérable pour la recherche et les programmes d'amélioration variétale.

Malgré leur bilan, ce type d'activités en faveur d'une conservation des ressources phytogénétiques de nature essentiellement quantitative a suscité des critiques : ces « banques de gènes » ont un caractère statique qui s'oppose à l'adaptation des ressources génétiques à un environnement physique et biotique en perpétuelle évolution. D'autre part, cette conservation *ex situ* très centralisée est coupée de ceux qui sont à la fois les « fournisseurs de gènes » et les futurs bénéficiaires, à savoir les paysans. Ces deux types de critiques ont conduit à la mise en avant de la nécessité d'élaborer des stratégies de conservation *in situ*, dont l'intérêt a été reconnu par la Convention sur la Diversité Biologique (Conférence des Nations unies sur l'Environnement et le Développement, ou « Sommet de la Terre » ou « Rio 1992 », et lors de la mise en place du Plan Global d'Action de la FAO pour la Conservation et l'Utilisation Durable des Plantes pour l'Alimentation et l'Agriculture (FAO, 1996).

Les activités de recherche sur le mil conduites par l'IRD au Niger s'inscrivent dans la thématique développée par l'équipe « Anthropisation et dynamique de la diversité génétique des plantes » au sein de l'UMR Diversité et Génomes des Plantes Cultivées. Cette thématique est le fruit de la réflexion sur l'évolution des concepts sur la conservation des ressources génétiques des plantes, domaine dans lequel l'ORSTOM a été un pionnier en ce qui concerne les plantes tropicales. Les recherches sur les ressources génétiques du mil en Afrique s'intéressent de plus en plus à la dynamique de leur diversité en milieu paysan. Des progrès ont été réalisés par différentes équipes au cours des dernières années, notamment grâce à la prise en compte des facteurs anthropiques susceptibles d'influer sur cette dynamique, combinée à l'utilisation croissante des techniques moléculaires d'analyse de la diversité génétique.

Ces activités de recherche, débutées récemment, présentent donc une réelle originalité par rapport à celles conduites par l'ORSTOM puis l'IRD ou d'autres équipes jusqu'à la fin des années 1990. De nouvelles et fortes relations sont développées avec les partenaires. L'accès permanent au terrain mais aussi les équipements de laboratoire performants et disponibles sont des atouts majeurs pour la bonne réalisation de ces travaux.

L'atelier

Les recherches sur le mil ne font que trop rarement l'objet de réunions ou de colloques faisant le point sur l'avancement des travaux conduits dans les domaines très larges et aussi différents que complémentaires que sont l'agronomie, la physiologie, la génétique ou les sciences sociales. Les recherches menées au Niger par l'IRD, en partenariat avec l'Université Pierre et Marie Curie (Paris VI), le Laboratoire d'Ethnobiologie-Biogéographie (MNHN-CNRS, Paris), l'INRAN (Institut National de la Recherche Agronomique du Niger) et la FUGPN (Fédération des Unions de Groupements Paysans du Niger) avec le soutien financier du Bureau des Ressources Génétiques (Paris) dans le cadre des deux appels à propositions 1999-2000 et 2001-2002, nous ont paru marquer une étape, tant dans la démarche utilisée que dans les résultats obtenus. L'organisation de cet atelier nous a semblé opportune afin de présenter ces résultats et de les confronter avec ceux obtenus par d'autres équipes dans différents pays d'Afrique de l'Ouest sur des thématiques analogues et dans le même contexte agronomique de polyculture au sein duquel il est difficile de dissocier les différentes productions (mil, sorgho, niébé, arachide, légumes, etc.). C'est pour ces raisons qu'a figuré au programme de cet atelier la présentation de travaux qui ne se rapportent pas ou pas exclusivement au mil. Dans un contexte de recherche sur un thème encore à défricher, bénéficier de la diversité des expériences ne pouvait être qu'un avantage.

Dans cet esprit, trois objectifs principaux avaient donc été définis pour cet atelier :

– partager les expériences et conclusions acquises par plusieurs équipes sur l'étude de la diversité génétique des mils en Afrique de l'Ouest et sa dynamique en milieu paysan ;

– réfléchir aux conséquences de ces résultats sur les stratégies de conservation *ex* et *in situ* des ressources génétiques des mils ;

– promouvoir les partenariats entre participants sur l'étude, la conservation et l'utilisation des ressources génétiques des mils en Afrique de l'Ouest.

A l'issue de l'atelier, les participants ont été unanimes quant à la qualité de l'échange d'informations scientifiques qui y avait eu lieu. Il nous a donc paru utile de publier une version écrite de la quasi-intégralité des communications présentées, qu'il s'agisse de recherches abouties, en cours de développement, ou encore à l'état de projet. L'ambition de cet ouvrage n'est donc pas de proposer une synthèse sur le mil en Afrique – celle-ci reste à écrire –, mais de refléter l'état des avancées et des réflexions d'une communauté scientifique au sens large, réunie autour de questions d'intérêt commun sur la diversité de plantes cultivées en Afrique sahélienne.

Après une introduction qui replace les recherches sur la diversité, la conservation et la valorisation des ressources génétiques des mils dans un contexte plus large que le strict domaine de la génétique, la première partie de cet ouvrage est constituée d'un ensemble de quatre communications qui présentent des résultats et des activités en cours sur l'analyse de la diversité des mils cultivés et sa valorisation au Niger, au Mali et dans l'Etat indien du Rajasthan, ainsi que les travaux de sélection participative conduits dans le cadre d'un projet à l'échelle de plusieurs pays d'Afrique de l'Ouest (Niger, Nigeria, Mali et Burkina Faso). La deuxième partie débute par deux communications qui traitent d'activités relevant du cadre plus large de la conservation *in situ*, au travers d'exemples, soit à l'état de projet comme c'est le cas pour le Niger, soit en cours de réalisation comme c'est le cas pour le Burkina Faso et le Mali. Elle se termine par l'analyse des stratégies nationales en terme de ressources génétiques avec comme exemple la situation au Burkina Faso. Enfin, la dernière partie est constituée de deux communications qui traitent, d'une part, du rôle de l'activité humaine sur la variabilité génétique des mils dans une étude fine à l'échelle de deux villages au Niger et, d'autre part, du rôle plus particulier que peuvent jouer les femmes dans le processus de conservation *in situ* de l'agrobiodiversité au Burkina Faso.

Gilles Bezançon
Généticien
Jean-Louis Pham
Généticien

Introduction

Mil, démographie et sécurité alimentaire au Niger

Les recherches sur la diversité, la conservation et la valorisation des ressources génétiques des mils doivent être à l'évidence replacées dans un contexte plus large que celui de la recherche génétique. En effet, le mil est cultivé exclusivement dans des zones semi-arides et arides et dans des régions et pays pauvres, à forte croissance démographique, qui sont pour la plupart en situation d'insécurité alimentaire chronique. De ce fait, le mil et ses diverses variétés se trouvent au centre d'enjeux planétaires importants tels que le réchauffement de la planète, la faim dans le monde, l'aide alimentaire et l'aide au développement, et le développement même des pays les moins avancés.

Si le réchauffement annoncé de la planète devait s'accompagner d'une extension majeure des zones semi-arides et arides, ainsi que plusieurs modèles le prédisent, le mil pourrait bien devenir l'un des instruments majeurs de la lutte contre la sécheresse. Tout d'abord, sa zone de culture pourrait s'étendre de manière importante. Ensuite, les caractéristiques génétiques des mils pourraient bien s'avérer utilisables dans le monde entier dans le cadre de programmes d'amélioration. A ce sujet, A. Cornet note que « les études récentes ont montré l'importance des ressources génétiques que constituent les variétés traditionnelles de mil et les espèces sauvages apparentées dans la zone sahélienne » (CORNET, 2002).

Par ailleurs, le mil, avec le sorgho, constitue toujours la base de l'alimentation des populations du Sahel. Le mil, encore plus que le sorgho, est effectivement la seule céréale adaptée aux conditions climatiques difficiles et aux sols pauvres qui prévalent dans le Sahel. Ainsi, bon an mal an, avec des techniques de cultures traditionnelles, la récolte de mil et celle de sorgho satisfont de manière plus ou moins adéquate les besoins alimentaires de plusieurs dizaines de millions de personnes. La récolte se joue de manière quasi aléatoire pendant les trois à quatre mois (de juin-juillet à septembre-octobre) de la courte saison des pluies. La « bonne récolte » dépend à la fois de la date de la première et de la dernière pluie, mais aussi de l'espacement et de l'intensité des pluies, qui ne doivent être ni trop espacées, ni trop rapprochées, ni trop fortes, ni insignifiantes. Problème de répartition des pluies dans le temps et dans l'espace.

La grande variabilité de ces paramètres peut conduire à des récoltes allant du simple au double. Cette variabilité pose aussi le problème de la disponibilité et de l'accès aux diverses semences de mil les mieux adaptées aux conditions particulières d'une région, voire d'une année donnée, recherchées par les paysans – mils tardifs, hâtifs, qualités gustatives, aptitude à la transformation...

Les grandes sécheresses et les pénuries alimentaires graves qu'ont connues les pays du Sahel en 1973-1974, puis en 1984, ont conduit ces pays à mettre en place des systèmes d'alerte précoce destinés à anticiper et à éviter la répétition de telles pénuries. Grâce à la constitution de stocks mobilisables en cas de besoins, à l'importation de céréales et au recours à l'aide alimentaire, ces systèmes ont effectivement permis au cours des vingt dernières années d'éviter, au moins au niveau national, la répétition de situations de graves pénuries alimentaires. Toutefois, ces systèmes n'ont pas vocation à imaginer et à mettre en place sur le moyen et le long terme des mécanismes d'ajustement de l'offre à la demande de céréales en fonction des aléas climatiques et de la forte croissance démographique des pays concernés.

Cette communication souligne d'abord l'importance du mil, en tant que céréale. Elle met ensuite en évidence la place majeure qu'il occupe dans l'alimentation des populations nigériennes. Elle s'efforce enfin d'identifier et de mettre en évidence l'importance des enjeux agricoles et de la sécurité alimentaire associés à l'avenir de la culture du mil dans les prochaines décennies au Niger.

Le mil et le sorgho, l'un des six régimes alimentaires de la planète

Les régimes alimentaires dans le monde sont le résultat de facteurs très divers, tels que les ressources naturelles, l'histoire, la culture, le niveau de développement. A l'occasion du Sommet mondial de l'alimentation de 1996, une analyse en composantes principales de l'ensemble des consommations par jour et par habitant des 151 pays pour lesquels la FAO disposait d'informations a permis de montrer comment s'opposent principalement les régimes alimentaires dans le monde (COLLOMB, 1999). On a pu ainsi définir à partir d'une « classification ascendante hiérarchique » pour 119 pays, six classes correspondant à autant de régimes auxquels on a donné le nom de l'aliment apportant la plus grande partie de l'énergie alimentaire du régime.

Ces classes sont évidemment de tailles inégales, mais il est important de noter que « Mil, millet et sorgho » constituent une classe distincte qui concerne, avec la méthode utilisée, cinq pays : le Burkina Faso, le Mali, la Namibie, le Niger et le Soudan, tous situés en Afrique subsaharienne (tabl. I). Une autre des classes identifiées, la classe « Lait, viandes, blé », regroupe 27 pays dont le régime alimentaire est en quelque sorte « mixte », puisqu'il est basé sur des consommations importantes de produits d'origine animale (laitages et viande) et de produits à base de blé. Les pays concernés sont pratiquement tous classés parmi les pays dits développés. Trois autres régimes sont basés sur la consommation principale de céréales : le riz (16 pays), le maïs (25 pays) et le blé (25 pays). Pour l'Afrique subsaharienne, la source principale d'énergie alimentaire est le riz pour deux pays (le Sénégal et la Sierra Leone), le maïs pour six pays (Afrique du Sud, Kenya, Lesotho, Malawi, Maurice, Zimbabwe), et le blé pour quatre pays (Botswana, Ethiopie, Mauritanie, Somalie). La dernière classe est constituée des pays où les racines et tubercules (manioc, igname, tarot, plantain) constituent la source principale d'énergie alimentaire des populations. Elle concerne 21 pays, tous situés en Afrique subsaharienne (à l'exception d'Haïti), comme c'est le cas pour la classe « Mil, millet, sorgho ».

En réalité, nombre de pays d'Afrique subsaharienne comprennent, à côté de zones humides, d'importantes zones semi-arides et arides où domine la culture du mil et du sorgho (Nigeria, Tchad, Côte-d'Ivoire, etc.). C'est pourquoi la consommation de mil et de sorgho concerne davantage de pays que les cinq pays classés dans la classe « Mil, millet, sorgho ». Dans les parties sahéliennes ou soudano-sahéliennes des pays d'Afrique de l'Ouest, le mil et le sorgho constituent effectivement la base principale de l'alimentation des

Classification ascendante hiérarchique des pays du monde selon les consommations moyennes						
Classe 1	Classe 2	Classe 3	Classe 4	Classe 5	Classe 6	Non classés (32 pays)
Riz (16 pays)	Maïs (25 pays)	Blé (25 pays)	Lait, viandes, blé (27 pays)	Mil, millet, sorgho (5 pays)	Manioc, igname, tarot, plantain (21 pays)	
Bangladesh	Afrique du Sud	Afghanistan	Australie	Burkina-Faso	Angola	Bahamas
Cambodge	Bolivie	Albanie	Autriche	Mali	Bénin	Barbade
Chine	Colombie	Algérie	Belgique	Namibie	Burundi	Belize
Corée du Nord	Brésil	Argentine	Canada	Niger	Cameroun	Brunei Da.
Inde	Costa Rica	Botswana	Danemark	Soudan	Rép. Centrafricaine	Cap-Vert
Indonésie	Cuba	Bulgarie	Ex. Tchécoslovaquie		Tchad	Comores
Laos	Rép. dominicaine	Chili	Ex-URSS		Congo	Chypre
Myanmar	Equateur	Ethiopie	Finlande		Congo Rép. Démocratique	Djibouti
Népal	Guatemala	Egypte	France		Côte-d'Ivoire	Fidji
Philippines	Honduras	Yougoslavie	Allemagne		Gabon	Polynésie Fr.
Corée du Sud	Jamaïque	Rép.Isl.d'Iran	Grèce		Ghana	Gambie
Sénégal	Japon	Irak	Hongrie		Guinée	Guadeloupe
Sierra-Leone	Kenya	Jordanie	Irlande		Haïti	Guinée-Bissau
Sri Lanka	Lesotho	Ja.A.Libyenne	Israël		Liberia	Guyane
Thaïlande	Malawi	Mauritanie	Italie		Madagascar	Hong Kong
Viet-nam	Malaisie	Maroc	Liban		Mozambique	Islande
	Maurice	Pakistan	Pays-Bas		Nigeria	Koweït
	Mexique	Paraguay	Nouv.Zélande		Rwanda	Maldives
	Nicaragua	Roumanie	Norvège		Togo	Malte
	Panama	Somalie	Pologne		R.U Tanzanie	Martinique
	Pérou	R.ar.Syrienne	Portugal		Ouganda	Mongolie
	Salvador	Tunisie	Arabie saoudite			Antilles Néerlandaises
	Trinité et Tobago	Turquie	Espagne			N.Calédonie
	Venezuela	Uruguay	Suède			Papouasie Nouv.-Guinée
	Zimbabwe	Yémen	Suisse			Réunion
			Royaume-Uni			Samoa
			Etats-Unis			Iles Salomon
						Surinam
						Swaziland
						Emirats arabes unis
						Vanuatu
						Zambie

Source : Collomb P. (1999) : « Une voie étroite pour la sécurité alimentaire d'ici à 2050 » - Paris, Economica, p. 23

Tableau I
Classification des pays selon la consommation moyenne des produits vivriers (moyenne triennale, centrée sur 1990, en calories).

populations concernées. Il en va de même dans certaines régions d'Afrique australe, et dans le nord de l'Inde. Compte tenu de ces éléments, on peut estimer à quelque 200 millions le nombre de personnes pour qui le mil et le sorgho constituent la source principale d'énergie alimentaire.

Comme le note P. Collomb, les classes de la typologie qui viennent d'être décrites « correspondent à peu de choses près aux grandes plantes de civilisation du monde : riz, blé, maïs, mil (auquel on peut ajouter le millet et le sorgho), manioc (auquel on peut ajouter l'igname et le taro) » (COLLOMB, 1999). Certes, dans de nombreux pays, il est possible de cultiver plusieurs céréales, et c'est souvent le cas. Mais compte tenu des conditions climatiques, des sols et des techniques utilisées, il est difficile d'envisager à terme par exemple de remplacer la culture du mil et du sorgho par celle du maïs ou du blé. Ainsi, au Niger le blé n'est cultivé que dans les oasis du nord du pays, et le maïs ne peut guère être cultivé que sur l'infime portion située dans le sud du territoire, 1 %, en zone soudano-sahélienne.

Le mil, une spéculation incontournable

Le mil doit donc être considéré comme une plante de civilisation associée au Sahel et à l'histoire de ses divers empires (empires du Ghana, du Mali, de Gao, etc.). Il constitue toujours avec le sorgho, à quelques rares exceptions près, la base de l'alimentation et la source principale d'énergie alimentaire des populations du Sahel. Au Niger, selon une enquête réalisée en 1992-1994, les céréales (essentiellement le mil et le sorgho) constituaient 71 % du bilan calorique journalier, contre 4 % pour les produits d'origine animale, 2 % pour les autres produits agricoles, 4 % pour les huiles, les 19 % restants étant constitués de produits divers.

En milieu urbain cependant, le mil et le sorgho sont de plus en plus concurrencés par d'autres céréales : le maïs et le riz en particulier, qui sont généralement importés ou proviennent de l'aide alimentaire. En fait, compte tenu de l'insuffisance récurrente au niveau local de la production par rapport aux besoins, chaque région produit avant tout pour satisfaire ses besoins propres, et seulement une faible proportion de la production céréalière nationale est commercialisée.

Certes, il existe des marchés de céréales plus ou moins importants dans toutes les régions du Niger, mais les difficultés de transport et de communications, et la constitution de stocks au niveau local pour se prémunir des mauvaises années limitent les échanges des régions excédentaires vers les régions déficitaires et vers les villes.

L'ensemble de ces facteurs concourt à un renchérissement du mil en milieu urbain, notamment pendant la période de soudure (approximativement d'avril à septembre) où le prix du sac de mil peut atteindre plus du double du prix pratiqué après la récolte (octobre à janvier). Ainsi, en mai 2003 à Niamey, le prix du sac de mil de 100 kg, qui couvre les besoins d'une famille de 10 personnes pendant deux semaines, était de l'ordre de 20 000 FCFA. Il convient d'ajouter à ce prix 2 000 à 2 500 FCFA pour le conditionnement (retirer le son) et 1 500 à 2 000 FCFA pour la transformation en farine (qui est ensuite consommée sous forme de boule de mil, en bouillie ou en semoule), ce qui donne un coût total de 24 000 FCFA pour une famille de 10 personnes pendant deux semaines. En comparaison, la satisfaction des mêmes besoins à partir du riz ou du maïs revenait à environ 14 000 FCFA, soit 40 % de moins. Si le mil garde la préférence des consommateurs (le mil est réputé « donner plus de force », et « la meilleure épouse est celle qui sait bien préparer la boule de mil »), de tels écarts de prix favorisent un glissement des habitudes alimentaires du mil vers le maïs et le riz importés, et sont de nature à conduire à une dépendance accrue envers les importations et l'aide alimentaire pour la nourriture des populations urbaines. Ce glissement de la consommation urbaine vers des céréales importées, qui est déjà amorcé, constitue un obstacle à l'organisation de la filière mil pour laquelle le marché urbain représente un marché important. Cette situation est d'autant plus préoccupante qu'elle s'inscrit dans un contexte de diminution des rendements et d'écarts croissants entre la production nationale de céréales et les besoins.

Au niveau national, les données disponibles depuis 1953 sur les superficies, la production et les rendements pour le mil, le sorgho, le maïs, le riz, le niébé et l'arachide, confirment la domination du mil par rapport aux autres spéculations, et en particulier par rapport aux autres céréales (Séries Longues, édition 1991, et rapports annuels du ministère de l'Agriculture et de l'Elevage). En effet depuis les début des années 50, le mil occupe environ les deux tiers du total des superficies cultivées, contre 20 à 30 % pour le sorgho, et moins de 1 % pour le maïs et le riz (tabl. II). Par ailleurs, au cours des années quatre-vingt-dix, la production de mil a représenté plus de 80 % de la production céréalière totale du Niger, et celle de sorgho 18 %, confirmant à nouveau la domination sans partage de ces deux céréales. Mais les données disponibles depuis 1953, mettent également en évidence un autre phénomène important : l'augmentation rapide de l'ensemble des surfaces cultivées afin d'accroître la production pour faire face aux besoins alimentaires croissants d'une population en forte expansion. Entre 1955-1959 et 1995-1999 les surfaces cultivées ont été ainsi multipliées par 3,5 (et par 3,8 pour les superficies cultivées en mil), et à la fin des années 90, l'ensemble des superficies cultivées représentait près de la moitié des 15 millions d'hectares cultivables du pays (sous cultures pluviales), contre 14 % à la fin des années 50 (tabl. II).

Périodes de 5 ans	Total des superficies cultivées sauf niébé (x 1 000 ha)	% cultivé sur 15 millions ha cultivables	Pourcentage des terres cultivées						
		Total céréales arachide	Mil	Sorgho	ST Mil et sorgho	Autres céréales Maïs	Riz	Arachide	*Niébé**
1955-59	2 116	14,1	63,7	22,8	86,4	0,17	0,26	13,1	*14,3*
1960-64	2 560	17,1	69,0	17,9	86,9	0,14	0,35	12,6	*17,6*
1965-69	2 837	18,9	67,5	19,3	86,8	0,14	0,42	12,7	*24,3*
1970-74	3 145	21,0	70,6	17,4	88,0	0,13	0,53	11,4	*29,6*
1975-79	3 485	23,2	71,8	21,2	93,0	0,31	0,61	6,1	*24,7*
1980-84	4 303	28,7	71,5	23,6	95,0	0,29	0,48	4,2	*31,8*
1985-89	4 728	31,5	69,9	27,6	97,5	0,19	0,44	1,9	*38,4*
1990-94	7 108	47,4	66,7	31,4	98,1	0,04	0,11	1,8	*43,6*
1995-99	7 450	49,7	68,4	27,6	96,0	0,10	0,16	3,8	*46,4*

Source : Ministère de l'Agriculture et de l'Elevage du Niger
* La somme des pourcentages de terres cultivées en céréales et en arachide est égale à 100%. Le pourcentage de terres cultivées en niébé est supposé être entièrement inclus dans ceux donnés pour le mil et le sorgho

Tableau II
Répartition au Niger des superficies cultivées en céréales, en arachide et en niébé par périodes quinquennales de 1955-59 à 1995-99.

Pour le mil, depuis le début des années 50, les superficies cultivées et la production ont été, en gros, multipliées par quatre (fig. 1a et 1b).

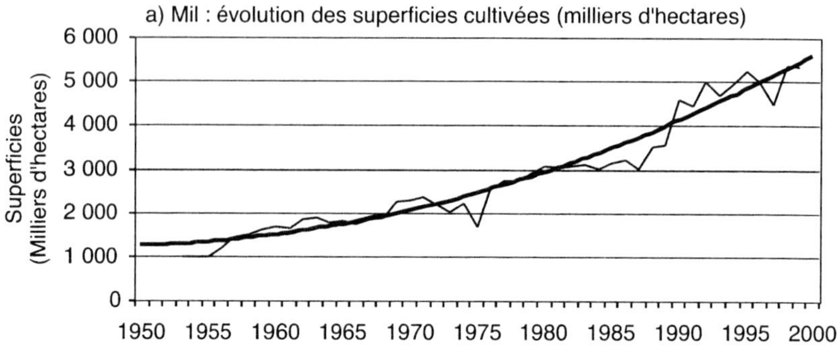

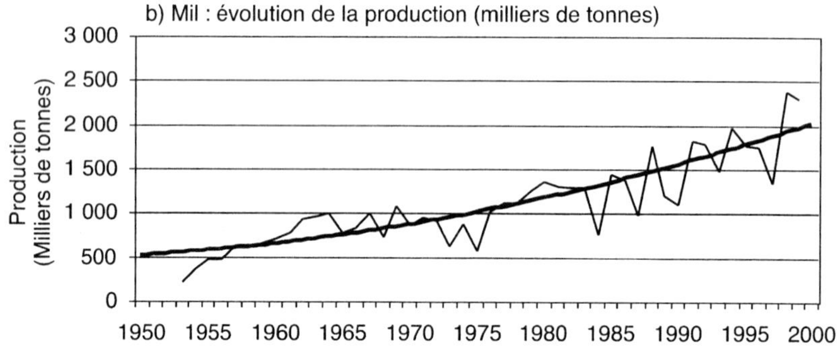

Figure 1a et 1b
Mil : évolution des superficies cultivées
et de la production en mil au Niger.

Cependant l'augmentation annuelle moyenne de la production est restée sensiblement inférieure à celle trouvée pour les superficies emblavées : 3,05 % contre 3,37 % si l'on compare les périodes 1955-1959 et 1995-1999. Cette évolution correspond à une baisse des rendements qui, de plus de 400 kg/ha à la fin des années 50 et au cours des années 60 (sauf en 1968), sont ensuite durablement tombés au-dessous des 400 kg/ha (4 années sur 10 au cours des années 70, 3 années sur 10 au cours des années 80, et 7 années sur 10 au cours des années 90) (fig. 1c). Au total, l'ajustement que l'on peut faire des données annuelles suggère que le rendement moyen du mil serait passé d'environ 430 kg/ha dans les années 60, à quelques 350 kg/ha à la fin des années 90, en dépit des meilleurs rendements, dus à une bonne pluviométrie, enregistrés en 1998 et en 1999.

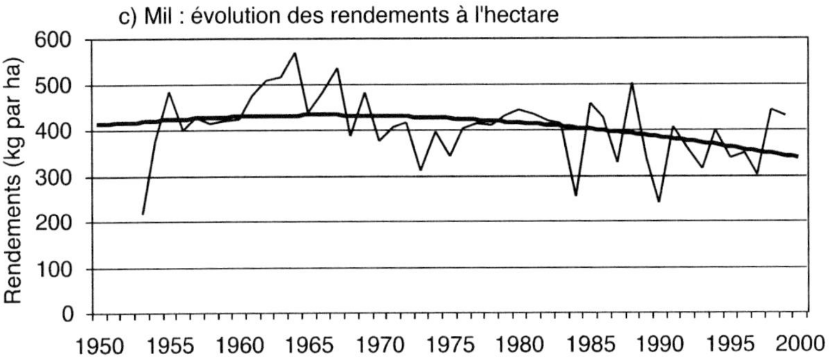

Figure 1c
Mil : évolutions des rendements en mil au Niger.

Pourtant, des rendements de l'ordre de 1 000 à 1 500 kg/ha peuvent être obtenus sans trop de difficultés pour le mil par une application judicieuse de la fumure d'origine animale. Elément de consolation si on peut dire, la diminution des rendements à l'hectare observée pour le mil reste modeste comparée à celle observée pour le sorgho. Pour le sorgho en effet, alors que depuis 1953, les superficies cultivées ont été multipliées par plus de 4, la production elle, n'a augmenté que de 30 %, ce qui s'est traduit par une baisse spectaculaire des rendements qui ont été divisés par 3. Cette baisse, marquée par de fortes variations annuelles, est la conséquence entre autres des exigences pédohydriques, de la moindre résistance (par rapport au mil) du sorgho à la sécheresse, et du peu d'intérêt de nombre d'agriculteurs nigériens pour le sorgho, qu'ils plantent dans une optique de minimisation des risques, le mil restant pour eux la spéculation principale.

Un avenir alimentaire incertain

Le glissement de la consommation urbaine vers des céréales importées, l'absence d'organisation de la filière mil, l'accélération de la mise en culture de nouvelles terres sans changement des itinéraires techniques et la baisse des rendements sont autant de raisons d'inquiétude sur l'avenir alimentaire d'un pays comme le Niger, où le mil reste la seule céréale véritablement adaptée aux conditions du milieu.

En reprenant la méthodologie utilisée en 1991 par le ministère de l'Agriculture et le ministère du Plan, on a procédé à une estimation du bilan céréalier du Niger pour la période 1953-1999. Selon cette méthodologie, les besoins céréaliers de la population sont estimés à 240 kilogrammes équivalents céréales par personne et par an, toutes populations confondues. La production céréalière totale est la somme des productions de mil, de sorgho, de maïs et de riz (en fait le mil et le sorgho représentent 99 % de la production céréalière totale). Enfin, la production disponible pour satisfaire les besoins alimentaires est évaluée à 85 % de la production totale, les 15 % restant, non disponibles, représentant l'estimation de ce qui est mis de côté pour constituer les stocks de semences et les pertes imputables aux rongeurs, aux intempéries, et à d'autres facteurs.

Les résultats obtenus à partir de cette méthodologie (fig. 2) indiquent assez clairement que le Niger est entré depuis le début des années 70 dans une période de « déficits céréaliers » chroniques, ou plus exactement d'écarts croissants entre la production céréalière nationale disponible et les besoins. Du côté des besoins qui sont déterminés par la croissance démographique, il faut noter que ceux-ci ont été multipliés par 4,3 entre 1950 et 2000, puisque au cours de cette période la population du Niger est passée de 2,5 millions à 10,8 millions d'habitants (United Nations, 2001). En regard, la production disponible est systématiquement excédentaire jusqu'à la fin des années 60 (sauf en 1967), mais la sécheresse de 1973-1974 se traduit ensuite par des déficits importants. La reprise de la production à la fin des années 70 permet ensuite de connaître à nouveau plusieurs années excédentaires (de 1977 à 1982), mais, dans les années 80, l'écart entre production nationale disponible et besoins se creuse à nouveau en tendance. Ainsi, de 1983 à 1999, on enregistre seulement trois années excédentaires : 1988, 1991 et 1998.

L'ajustement de ces données annuelles suggère en 2000, un « déficit tendanciel » de l'ordre de 500 000 tonnes, correspondant à environ 20 % des besoins (fig. 2). Ce résultat doit évidemment être interprété avec prudence, car ce « déficit tendanciel » ne correspond pas à la situation observée en 2000, et ce pour diverses raisons. De manière générale, chaque année la situation alimentaire est appréciée, non seulement en fonction de la production nationale de l'année considérée, mais aussi en fonction des stocks disponibles et

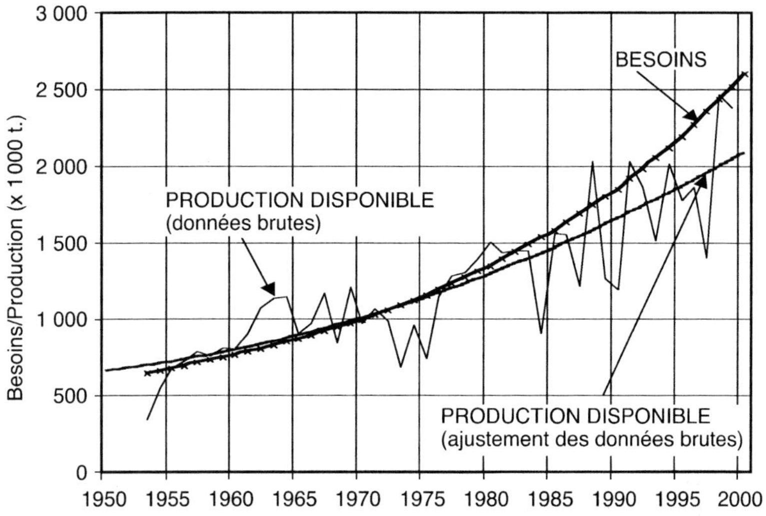

Figure 2
Besoins en céréales et production disponible (1953 à 1999) au Niger.

éventuellement des importations et de l'aide alimentaire dont l'objet est justement de réduire le déficit. Ainsi, même lorsque la production nationale est notoirement inférieure aux besoins, la sécurité alimentaire du pays peut être assurée en mobilisant les stocks disponibles, et en complétant le « déficit » par des importations et l'aide alimentaire. Par ailleurs, la production disponible et les besoins au niveau national ne prennent pas en compte les excédents et les déficits locaux. De fait, les excédents au niveau local ne sont jamais transférés en totalité vers les régions déficitaires pour diverses raisons : difficultés de transport, manque d'information des producteurs sur les prix d'achat de leurs excédents et aussi désir des populations de stocker localement leurs excédents plutôt que de les vendre. L'ensemble de ces facteurs contribue à un déficit global (somme des déficits enregistrés au niveau local) supérieur au déficit calculé au niveau national. Enfin, l'estimation de 15 % de pertes de la production nationale peut être discutée, de même que l'estimation des besoins en céréales de la population : 240 kilogrammes équivalents céréales par personne et par an.

Au total, la valeur de l'écart entre production nationale disponible et besoins citée plus haut, 500 000 tonnes environ en 2000, ne saurait être qu'approximative. Il ne fait guère de doute cependant que cet écart s'est amplifié au cours des 20 ou 30 dernières années. Toutefois pour avoir une idée complète des besoins alimentaires, il importe de dépasser les bilans céréaliers et de faire des bilans vivriers tenant compte des autres productions et consommations (manioc, patate douce, souchet, et produits animaux et laitiers) qui sont généralement ignorées ou peu prises en compte.

Pour le futur, l'adéquation entre la production nationale de céréales, essentiellement de mil et accessoirement de sorgho, et les besoins, dépendra, globalement, pour ce qui est de la production : des terres disponibles, de l'évolution des systèmes agraires et des rendements, et de la pluviométrie ; pour ce qui est des besoins : de l'évolution future de la population.

La taille future de la population du Niger dépendra de l'évolution de la fécondité, de la mortalité et des migrations internationales. De ces trois composantes c'est généralement l'évolution des niveaux de fécondité qui influe le plus, à terme, sur l'évolution de la population. C'est pourquoi les projections de population retiennent souvent plusieurs hypothèses de fécondité, mais une seule hypothèse de mortalité et de migrations extérieures. C'est aussi le choix que nous avons fait dans un travail récent (GUENGANT et BANOIN, 2003). Par rapport aux derniers niveaux connus de fécondité, 7,5 enfants par femme en moyenne, on a ainsi retenu : 1) une hypothèse : fécondité « constante », où la fécondité est maintenue à 7,5 enfants par femme jusqu'en 2050, terme de la projection ; 2) une hypothèse : fécondité « basse », qui suppose le passage à 3 enfants par femme en 2050 ; et 3) une hypothèse : fécondité « moyenne », qui suppose le passage à 5 enfants par femme en 2050. Concernant la mortalité, on a retenu comme les Nations unies dans leurs projections 2000, une augmentation de l'espérance de vie à la naissance pour les deux sexes de 45,2 ans en 2000 à 66,5 ans en 2050, et pour les migrations internationales, on a retenu à nouveau comme les Nations unies, l'hypothèse d'une migration nette nulle de 2000 à 2050 (United Nations, 2001). Les résultat obtenus mettent en évidence deux faits importants. Tout d'abord, quelle que soit l'hypothèse retenue, à l'horizon 2020 la population du Niger devrait être multipliée par 2 : de 10,8 millions en 2000 à au moins 20 millions en 2020, les écarts entre les résultats des diverses hypothèses n'étant pas importants : 22,4 millions pour l'hypothèse « constante », 21,3 millions pour l'hypothèse « fécondité moyenne », et 20,5 millions pour l'hypothèse « fécondité basse ». Par contre, à l'horizon 2050, les écarts entre les diverses hypothèses sont importants : 78 millions pour l'hypothèse « constante », 57,2 millions pour l'hypothèse « fécondité moyenne », et 43,1 millions pour l'hypothèse « fécondité basse ». Ainsi, par rapport à la population estimée en 2000 : 10,8 millions, la population du Niger devrait être multipliée par 4, au minimum, selon l'hypothèse « fécondité basse », par 5,3 selon l'hypothèse « fécondité moyenne », voire par 7,2 au cas, peu probable il est vrai où la fécondité se maintiendrait à 7,5 enfants par femme.

Côté production, il est difficile de prévoir quelle sera l'évolution tant les facteurs en cause sont nombreux. A systèmes agraires inchangés, c'est-à-dire s'appuyant essentiellement sur la mise en culture de nouvelles terres pour répondre à l'augmentation des besoins, il n'est pas exclu que l'ensemble des terres cultivables soit effectivement cultivé à l'horizon 2050 (GUENGANT et BANOIN, 2003). L'augmentation des rendements par une amélioration significative des itinéraires techniques (recours plus fréquent et raisonné à la fumure animale, l'utilisation d'engrais chimiques, l'utilisation de semences améliorées, semis en ligne et démariage, etc.) n'est pas à exclure, mais, il paraît difficile de bâtir un modèle de prévision à ce sujet à partir des données fragmentaires dont on dispose. Finalement, l'évolution future de la production céréalière disponible a été faite à partir d'un simple ajustement des données disponibles pour la période 1953-1999. Deux courbes de tendances ont été retenues : la première basée sur un ajustement exponentiel des données 1953-1999 (R^2 = 0,716), la seconde basée sur un ajustement linéaire (R^2 = 0,715) (fig. 3). La poursuite de l'augmentation de la production agricole disponible selon une tendance exponentielle correspond à une augmentation de 2,5 % par an. Dans ce cas, la production céréalière disponible pourrait passer en valeurs « tendancielles », de quelque 2,1 millions de tonnes en 2000, à 2,6 millions en 2010, 3,4 millions en 2020, et à près de 7 millions de tonnes en 2050. Si l'on retient par contre une tendance linéaire qui correspond à une augmentation de la production céréalière disponible d'environ 30 000 tonnes par an et à un taux de croissance annuel moyen de

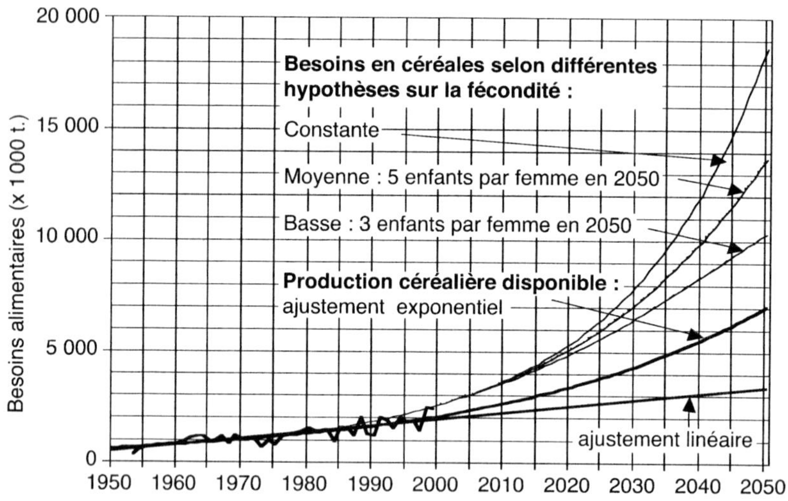

I Figure 3
Projections de la production nationale céréalière disponible et des besoins de 2000 à 2050.

1,1 %, celle-ci atteindrait 2,5 millions de tonnes en 2020 et 3,4 millions en 2050, soit deux fois moins que précédemment.

En regard, les besoins, calculés pour les diverses hypothèses de fécondité sur la base d'une consommation de 240 kilogrammes équivalents céréales par personne par an, continuent de progresser plus rapidement, puisque la population continue de croître de plus de 2,5 % par an dans tous les cas (sauf à partir de 2040, pour l'hypothèse « 3 enfants en 2050 », pour laquelle la croissance démographique devient inférieure à 2,5 % par an). Les besoins en céréales passent ainsi de 2,6 millions de tonnes en 2000 à quelque 3,7 millions en 2010 quelle que soit l'hypothèse de fécondité considérée, puis ils se situent en 2020 entre 4,9 millions de tonnes pour l'hypothèse « fécondité basse », et 5,4 millions de tonnes pour l'hypothèse « fécondité constante », et en 2050 entre 10,3 millions de tonnes pour l'hypothèse « fécondité basse » et 18,7 millions de tonnes pour l'hypothèse « fécondité constante ». Cette évolution des besoins, qui suit la croissance démographique (du fait du mode de calcul retenu), se traduit par des écarts croissants avec la production nationale de céréales disponible (fig. 3). Ainsi le « déficit tendanciel » en céréales, estimé pour 2000 autour de 500 000 tonnes et correspondant à 20 % des besoins, pourrait être en 2010 de l'ordre d'un million de tonnes, soit le double de l'écart actuel, et ce en considérant l'hypothèse la plus favorable d'augmentation de la production. En 2020, le « déficit tendanciel » pourrait se situer entre 1,5 et 2 millions de tonnes, soit au moins un tiers des besoins. Enfin en 2050, le « déficit tendanciel » pourrait se situer entre 3,5 millions pour l'hypothèse « fécondité basse », et près de 12 millions de tonnes pour l'hypothèse « fécondité constante ». Ainsi, dans le meilleur des cas, en supposant une baisse rapide de la fécondité et une croissance continue de la production de 2,5 % par an, la production nationale disponible pourrait couvrir en 2050, en gros les deux tiers des besoins. Par contre, avec l'hypothèse « fécondité constante », et toujours avec une croissance de la production nationale disponible de 2,5 % par an, la production nationale disponible couvrirait à peine le tiers des besoins.

Conclusion

Comment interpréter ces résultats quelque peu alarmistes ? Il faut évidemment garder à l'esprit que les méthodes d'estimation des diverses variables et les méthodes de projections retenues sont loin d'être parfaites, et qu'elles peuvent être discutées, voire remises en cause. Mais par ailleurs, l'augmentation de la production nationale de 2,5 % par an jusqu'en 2050 retenue dans nos calculs peut aussi paraître optimiste, compte tenu de l'extension rapide des superficies cultivées et de la diminution des rendements observée. Il est vrai que l'insuffisance de la production nationale peut être compensée par des importations ou par l'aide alimentaire comme cela a été le cas dans le passé récent. Toutefois, l'ampleur des déficits céréaliers qui se profilent à 10, 20 et 50 ans d'échéance risque fort de réduire l'efficacité des mesures de compensation utilisées jusqu'à présent : constitution de stocks les années excédentaires, importations de céréales, aide alimentaire, etc. qui sont des mesures nécessaires certes, mais des mesures sur le court terme. Une augmentation majeure de la production céréalière au travers du développement des cultures irriguées sur l'ensemble des terres potentiellement irrigables peut être envisagée. Toutefois les estimations faites à ce sujet montrent que les cultures pluviales, c'est-à-dire essentiellement la culture du mil et accessoirement du sorgho, continueront à représenter entre 50 et 80 % de la production céréalière nationale.

Plante de civilisation incontournable dans le contexte sahélien, le mil se trouve bien au centre de plusieurs enjeux, locaux et planétaires, comme on l'a souligné en introduction. Au niveau local, il s'agit de trouver les voies et moyens pour obtenir des rendements nettement supérieurs à ceux, médiocres et en diminution, observés aujourd'hui. La recherche de nouvelles variétés, la maîtrise de la filière semencière peuvent y contribuer. En fait, il apparaît nécessaire de mettre en œuvre assez rapidement à la fois diverses mesures permettant une progression majeure des rendements agricoles, une réduction de la croissance démographique et une augmentation des revenus de l'Etat (pour appuyer les innovations techniques et aussi pour faire face au coût des importations de céréales). Faute de quoi, il faudra envisager un recours encore plus important qu'aujourd'hui à l'aide alimentaire, ou prendre le risque d'une détérioration majeure de la situation nutritionnelle des populations.

Jean-Pierre Guengant
Démographe
Maxime Banoin
Agronome

Bibliographie

COLLOMB P., 1999 – *Une voie étroite pour la sécurité alimentaire d'ici à 2050.* Paris, Economica, 197 p.

CORNET A., 2002 – « La désertification à la croisée de l'environnement et du développement : un problème qui nous concerne ». In : *Johannesburg, Sommet Mondial du Développement Durable, 2002, Quels enjeux ? Quelle contribution des Scientifiques ?* Paris, Ministère des Affaires étrangères, Direction de la coopération scientifique universitaire et de recherche : 93-130.

GUENGANT J.-P., BANOIN M., 2003 – *Dynamique des populations, disponibilités en terres et adaptation des régimes fonciers : le cas du Niger.* CICRED/FAO, Paris, 144 p.

Direction de la Statistique et de la Démographie, Ministère de l'Agriculture et Ministère du Plan, 1991 – *Séries Longues, édition 1991,* Niamey, DSD, 248 p.

United Nations, 2001 – *World Population Prospects. The 2000 Revision.* Vol. I, Comprehensive Tables. New York, United Nations, ST/ESA/SER A/198.

Biodiversité et amélioration variétale

partie 1

Le mil [*Pennisetum glaucum* (L.) R. Br.] au Niger : généralités et résultats de la sélection

B. Ouendeba
Sélectionneur

B. Siaka Sogoba
Sélectionneur

Introduction

Le mil reste la céréale la plus cultivée au Sahel à cause des conditions de production qui y sont très difficiles, donc à très haut risque. Les aléas climatiques au Niger réduisent la zone cultivable à seulement 12 % du territoire national. Les sols sont généralement pauvres et très sensibles à l'érosion. Le mil tolère la sécheresse, la faible fertilité des sols et le faible pH du sol ; et il peut répondre très bien quand les conditions deviennent favorables.

Le Niger situé au cœur de l'Afrique de l'Ouest, zone d'origine et de domestication du mil, renferme une large diversité génétique pouvant jouer un rôle essentiel dans le développement de cultivars productifs pour satisfaire des besoins de plus en plus croissants des populations. La variabilité au sein des écotypes locaux pourrait être exploitée dans le développement des pools de gènes avec une large base génétique.

Au cours de la campagne agricole 2000, les 9 pays membres du CILSS ont produit plus de 11,5 millions de tonnes de céréales et le mil représente presque 47 % de cette production. Il est suivi de loin par le sorgho (27 %), le riz (14 %) et le maïs (10 %). Connu au Niger sous différentes appellations (Haïni, Hatchii, Guéro, Gaouri, Maiwa, Somno, ...) le mil est emblavé chaque année sur près de 5 millions d'hectares, essentiellement pour son grain, principale source d'alimentation des populations. Avec une production qui avoisine 2 millions de tonnes, le Niger est le second producteur de mil en Afrique de l'Ouest et du Centre après le Nigeria ; il occupe le cinquième rang au niveau mondial. Cette céréale représente 90 % de la production céréalière totale, soit 54 % des cultures pluviales. A cause des conditions de culture qui prévalent au Sahel, le mil continuera à jouer pendant longtemps encore un rôle important dans la lutte contre la faim.

En plus des mils sauvages, deux types de mil co-existent au Niger : les mils hâtifs (75-100 jours) peu photosensibles et les mils tardifs (120-140 jours) photosensibles. Le mil sauvage, *P. glaucum* subsp. *monodii*, avec des épis longs de 4 à 7 cm, se rencontre surtout sur alluvions sableuses bénéficiant d'un bilan hydrique favorable. En zones de culture, des formes intermédiaires, *P. glaucum* subsp. *stenostachium*, appelées Soun en Djerma ou Shibra en Haoussa, poussent dans les champs ou dans les jachères. La présence de formes sauvages, intermédiaires et de plusieurs écotypes locaux présentant une grande variabilité, fait du Niger un centre important de diversité pour le mil. Cette large variabilité constitue un réservoir important de gènes pour le développement de variétés performantes de mil résistantes aux contraintes biotiques et abiotiques.

Son mode de reproduction, sa nature hétérozygote et hétérogène font que le mil se prête à de nombreuses manipulations génétiques.

Pluviométrie, aires de cultures et productions

Pluviométrie

L'analyse de l'évolution décennale de la pluviométrie moyenne annuelle montre une réduction de la pluviométrie dénotant clairement un glissement des isohyètes vers le sud. A Maradi et Zinder, cette moyenne est passée de 700 mm et 600 mm au cours de la décennie 1931-40 à 500 mm et 400 mm pour la période 1993-1998, respectivement (fig. 1). Dans les zones de production, les quantités de pluies sont faibles et mal réparties ; la période des cultures s'est considérablement raccourcie pendant ces 5 dernières décennies.

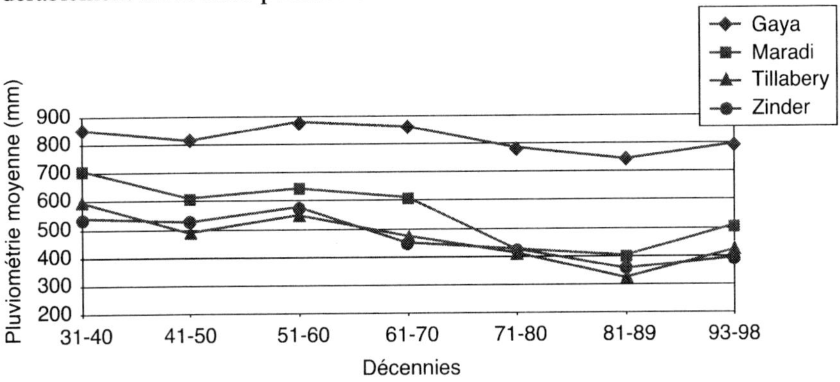

I Figure 1
Évolution décennale de la pluviométrie moyenne annuelle dans quatre localités du Niger.

Aires de cultures

En terme de superficie, le mil occupe 63 % des terres emblavées en cultures céréalières. Sa production varie avec les conditions agroclimatiques des zones de culture. La zone sahélo-saharienne : 12 % de la superficie totale du pays, à vocation pastorale, avec des hauteurs de pluie comprises entre 200 et 300 mm et une période de croissance végétative inférieure à 75 jours. La zone sahélo-soudanienne avec 21,9 % de la superficie totale du pays, à vocation agropastorale, et des hauteurs de pluies comprises entre 300 et 600 mm et une période de croissance végétative variant entre 75 et 100 jours. La zone soudanienne avec 0,9 % de la superficie totale du pays, reçoit entre 600 et 800 mm ; elle est essentiellement agricole avec une période de croissance végétative de 100 à 150 jours.

La superficie emblavée en mil est passée de 2 300 000 ha en 1970 à 5 350 000 ha en 1999 envahissant ainsi les zones pastorales reconnues très peu productives.

Les sols emblavés en mil sont essentiellement des sols dunaires, pauvres en matières organiques, en phosphore et en azote. Ils sont lessivés, très peu structurés, ne facilitant pas une bonne rétention en eau pour les cultures.

Pour les systèmes de culture, l'association mil-niébé est dominante et les jachères ont tendance à disparaître.

Bien que le mil soit la principale culture du Niger et aussi la première céréale alimentaire, les paysans n'utilisent presque pas d'intrants pour sa production à cause de sa faible valeur marchande. En effet le ratio prix du kg de mil/prix du kg d'engrais reste inférieur à 1 même pendant les périodes de soudure correspondant aux prix du mil les plus élevés dans l'année (SOUMANA, 2001).

Productions et rendements

Les productions ont évolué avec les superficies emblavées et elles sont passées de 871 000 tonnes en 1970 à plus de 2 290 000 tonnes en 1999 avec un rendement moyen de 400 kg/ha. L'analyse des statistiques agricoles révèle un taux d'accroissement annuel de la production agricole de 2 % pour un taux d'accroissement de la population estimé à 3,3 %.

Utilisation du Mil

Consommation humaine

Le Mil est l'aliment de base des populations nigériennes (fig. 2) et il est consommé sous diverses formes de produits finis allant de la simple farine à des produits roulés tels que le couscous.

La consommation moyenne du mil qui varie de 240 à 280 kg/habitant/an, est la plus élevée de la sous-région. Le mil jouit d'une qualité nutritive supérieure aux autres céréales ; il est riche en vitamine A, Fe et en protéine de qualité (pourcentages en lysine et en triptophane élevés). Cette céréale contribue aussi à la sécurité alimentaire et à la bio-fortification (vieux, enfants et femmes allaitantes).

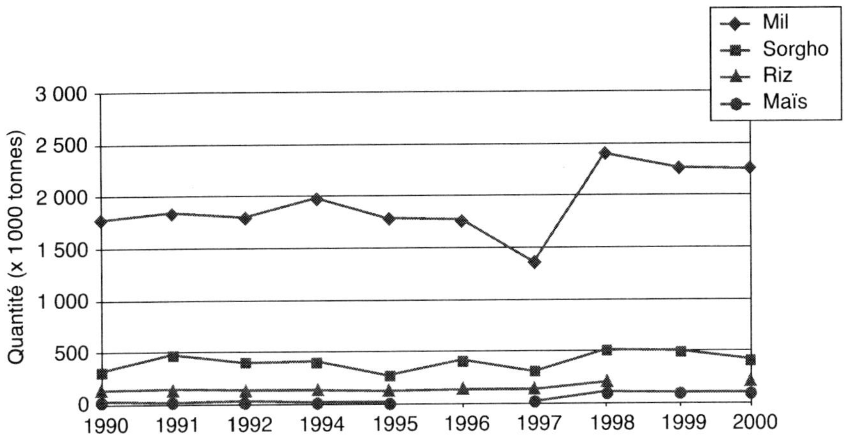

Figure 2
Consommation céréalière annuelle des populations au Niger.

Consommation animale

Cette composante de la filière Mil est très peu développée au Niger mais des initiatives nouvelles porteuses sont en train de naître surtout dans le domaine du développement de l'aviculture. Notons que d'importantes quantités de matières sèches sont laissées dans les champs après les récoltes en fin de campagne agricole. Une bonne partie de ces tiges qui sont bien appréciées par le gros bétail est vendue dans les centres urbains.

Recherches sur le Mil

Historique

Le but principal de la sélection a été pendant longtemps une augmentation de la production et de la stabilité des variétés nouvelles.

L'IRAT était responsable de l'amélioration du Mil en Afrique de l'Ouest avec comme axe principal Bambey (Sénégal)-Tarna (Niger). Au Niger, les activités de recherche étaient menées essentiellement sur la station de recherche de Tarna, Maradi avec des points d'appui (sous-stations) dispersés à l'intérieur du pays. Les activités avaient démarré avec la collecte de variétés traditionnelles et un accent particulier était mis sur l'exploitation du germplasm du Niger. L'utilisation de la sélection massale et de la sélection récurrente ont conduit à la mise au point de plusieurs variétés dont HKN, HKP, CIVT et P3KOLLO.

Les écotypes locaux de mil sont caractérisés par une importante production de matière sèche. Le rendement en biomasse même dans les systèmes traditionnels de production atteint 6-12 t. ha^{-1} avec un indice de récolte très faible (<20%) comparé à celui des variétés améliorées (30 %) (KUMAR, 1989). Après les années 1960, l'IRAT avait initié un programme d'amélioration du rapport grain/paille (indice de récolte) en diminuant la hauteur de la tige chez les populations locales. Quatre populations naines issues du transfert du gène de nanisme d2, ont été développées à travers des rétrocroisements (CHANTEREAU et ETASSE, 1976) ; il s'agit des mils 3/4 Ex-Bornu, 3/4 Séno, 3/4 Souna et 3/4 HK.

Dans les années 1970, l'IRAT avait aussi initié à Tarna-Maradi, une étude sur l'expression de l'hétérosis à travers de nombreux top-cross en utilisant uniquement des parents issus de cultivars locaux.

L'Institut National de Recherche Agronomique du Niger (INRAN) créé en 1975 a pris en main le programme de sélection en 1977. L'INRAN a dans un premier temps mis l'accent sur la collecte, la conservation et l'exploitation des ressources génétiques locales provenant des différentes zones de production du mil. Les grands écotypes locaux répartis dans des zones spécifiques sont : le Boudouma et le Moro dans la zone du Lac Tchad, le Ba-Angouré et l'Ankoutess dans la zone du Damagaram (Est du pays), le Zongo, Zanfarwa et Tchinin Bajini au Centre Ouest (Maradi), le Guerguéra dans la zone Centre-Ouest (Tahoua) et enfin l'écotype Haini Kiré dans la zone Ouest du pays. Il faut noter également que la dernière collecte a été réalisée en 1990 en collaboration avec l'ORSTOM, l'ICRISAT et l'IBPGR. Cette collecte a fait l'objet d'une caractérisation agronomique en 1992 (SIAKA *et al.* 1996). Cette caractérisation a abouti à un classement de ces cultivars dans 3 groupes (fig. 3) : les mils des oasis (groupe 1), les mils à épis courts (groupe 2) et les mils à épis longs (groupe 3).

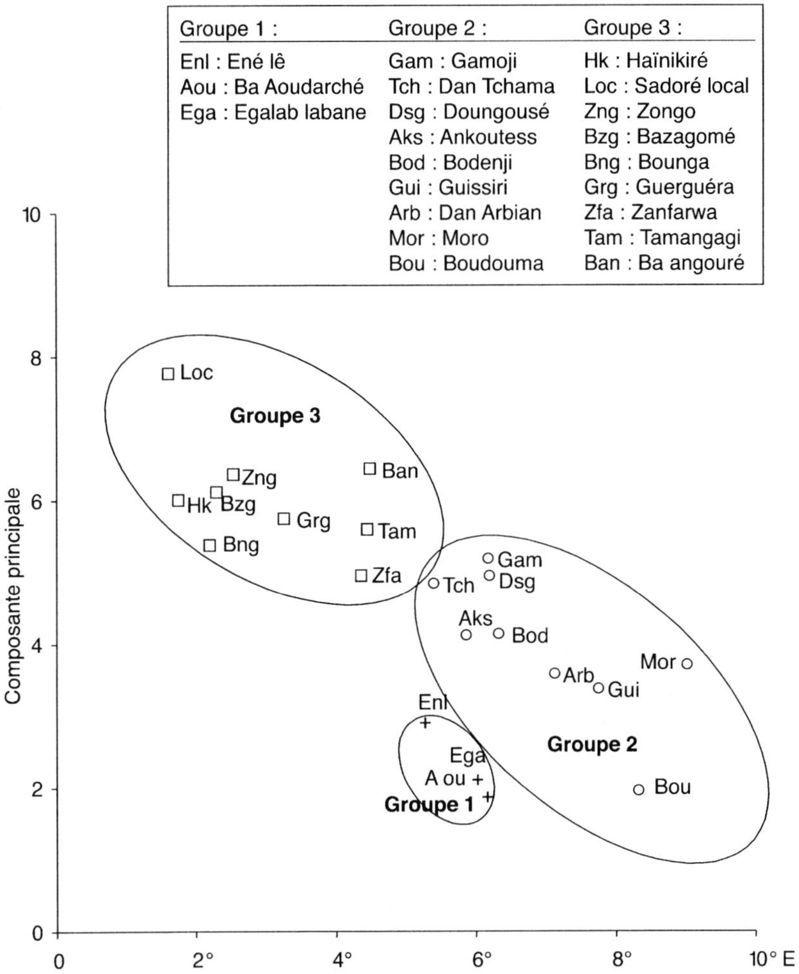

Figure 3
Longitude de 21 cultivars locaux de mil du Niger et valeurs de la première composante principale issue de la caractérisation morphologique.

Le programme de sélection a été bâti sur les acquis et l'expérience de l'IRAT au Niger et en Afrique de l'Ouest. La stratégie consiste à collecter à maturité et en champ paysan les écotypes les plus largement cultivés dans chaque zone de production. Chaque population ainsi collectée est semée en station et plusieurs centaines d'individus sont autofécondés (S1). Les lignées conformes à la population originelle sont évaluées et celles retenues vont contribuer au développement de populations épurées qui ont montré des performances supérieures aux populations d'origine. Huit populations épurées sont issues de cette approche : GR-P1, BA-P1, DG-P1, ZA-P1, TB-P1, HKP-P1, MORO-P1 et ANK-P1. Des gains en rendement atteignant souvent 20 % par rapport au matériel d'origine ont été observés.

Les variétés développées par la Recherche ont fait l'objet de plusieurs tests (essais multi-locaux et essais régionaux) à travers l'Institut du Sahel (INSAH) et le Réseau Ouest et Centre Africain de Recherche sur le Mil (ROCAFREMI).

Les essais mils conduits par l'Institut du Sahel (INSAH-CILSS) dans tous les pays membres du CILSS comportaient essentiellement des variétés développées dans les SNRA. Une analyse de régression des données collectées pendant 4 années de tests en zone sahélienne a révélé que le Haini Kiré Précoce (HKP) avait un rendement grain élevé de manière consistante sur tous les sites d'expérimentation. Cette variété avait ainsi montré une bonne plasticité à travers tous les pays de l'INSAH.

Des essais en milieu réel coordonnés par le Réseau Ouest et Centre Africain de Recherche sur le Mil (ROCAFREMI) ont été mis en place, de 1991 à 1996 au Niger, pour identifier des variétés performantes à cycle approprié. Seize variétés améliorées ont été testées en zone sahélienne (14) et en zone soudanienne (2) ; 100 paysans ont été impliqués dans l'exécution de ces essais dans les zones de production.

Quatre variétés, ZATIB, CT6, GR-P1 et SOUNA III sont retenues par les producteurs de la zone sahélienne (400-600 mm) et 3 variétés H80-10-GR, HKP3 et HKP dans la zone nord du pays (< 400 mm).

Le ROCAFREMI, en collaboration avec les Centres Nationaux et Internationaux de Recherche sur le mil, a conduit des essais régionaux impliquant 10 à 11 variétés améliorées de mil dans 6 pays de l'Afrique de l'Ouest et centrale, dans une zone agro-écologique comprise entre 300 et 1 000 mm. Ainsi, des recommandations sont faites dans chaque zone en tenant compte des résultats de l'analyse de stabilité et de regroupement. Au Niger, 4 variétés sont recommandées pour la zone sahélienne et 3 pour la zone soudanienne (tabl. I).

Zone sahélienne			Zone soudanienne		
Variété	Cycle (jours)	Rendement grain t.ha^{-1}	Variété	Cycle (jours)	Rendement grain t.ha^{-1}
ZATIB	95	1,5-2,0	ICMV IS 89305	95-100	2,0
CIVT	95	1,5-2,0	ICMV IS 91116	75-80	1,5
SOSAT-C88	90	1,5-2,0	GOUZOUMA	50-60	1,5-2,0
ICMV IS 88201	95	1,8			

Tableau I
Variétés de Mil recommandées en zones sahélienne et soudanaise.

La sélection à l'ICRISAT

La sélection récurrente

Cette méthode est appliquée dans les programmes de l'ICRISAT qui en a fait la base des techniques de sélection des populations. Les différentes techniques de sélection récurrente opèrent par cycles successifs et se terminent par le brassage des génotypes retenus.

Entre 1976 et 1986, avec le financement du Programme des Nations Unies pour le Développement (PNUD), l'ICRISAT a conduit, en étroite collaboration avec les SNRA, un programme d'amélioration du mil au Nigeria, au Niger, au Burkina faso, au Sénégal et au Soudan. La sélection et les tests en réseau conduits à travers ce programme ont abouti à la mise au point et à la diffusion d'une vingtaine de variétés améliorées dans les pays impliqués dans ce programme. Un nombre impressionnant de cultivars a été développé par le programme de sélection de l'ICRISAT-Sadoré (SIAKA *et al.*, 2002). Dans l'ensemble, peu de variétés améliorées développées en Afrique de l'Ouest ont manifesté une nette supériorité par rapport aux témoins locaux (NIANGADO et OUENDEBA, 1987).

L'exploitation de l'hétérosis

Des investigations ont été menées également pour l'exploitation de la vigueur hybride au niveau du Centre Sahélien de l'ICRISAT. Cette exploitation repose sur la mise au point de lignées parentales par sélection pédigree ou pédigree massale. Ces lignées sont croisées ensuite entre elles ou avec un géniteur à base génétique large pour exploiter la vigueur hybride qui en résulte. Les résultats encourageants obtenus avec les premiers travaux ont abouti à la mise en place du premier essai régional hybride en 1998. Cet essai comprenant 10 hybrides TCH, leurs pollinisateurs respectifs et deux témoins a été conduit dans 9 localités de la sous-région ouest africaine en 1998 et 7 localités en 1999. Malgré les efforts menés dans ce sens, les gains en rendement obtenus avec les hybrides topcross par rapport aux variétés améliorées restent variables et limités. Avec la diversité génétique disponible et les nouveaux outils de la biologie moléculaire, l'option des hybrides simples et des hybrides trois voies (issus du croisement entre un hybride F1 mâle-stérile et une lignée inbred mâle-fertile) peut être envisagée pour accroître de manière substantielle les gains en rendement dans les environnements relativement favorables. Les méthodes conventionnelles de sélection assistée par les marqueurs moléculaires ont déjà donné des résultats qui faciliteront les manipulations génétiques dans la lutte contre le mildiou qui constitue la contrainte majeure des hybrides simples. En Afrique de l'Ouest, et particulièrement au Sahel, les marqueurs génétiques auront de nombreuses applications dans le cadre de l'exploitation de la vigueur hybride, notamment dans le choix des géniteurs et dans la mise au point de génotypes cumulant des allèles intéressants sur le plan agronomique.

Conclusion

Avec une population croissante et une urbanisation rapide dans les pays du Sahel, la satisfaction des besoins alimentaires est devenue prioritaire. Les céréales traditionnelles, dont le mil, tendent à devenir des cultures de marché avec une forte demande en produits transformés dans les grands centres urbains. Le pilotage de la production se fait de plus en plus par l'aval avec un nombre croissant de transformateurs agressifs et avisés. Pour renforcer l'offre en mil répondant aux critères de préférence des utilisateurs, et donc aux besoins du marché, la sélection variétale mettra l'accent sur le développement de cultivars (hybrides et variétés) adaptés et plus performants que les variétés-populations locales.

Bibliographie

Chantereau J., Etasse C., 1976 – Création de populations naines de mil (*Pennisetum typhoides* Stapf et Hubb.) au Niger. *Agronomie Tropicale,* 31 : 254-257.

Kumar A. K., 1989 – Pearl millet : current status and future potential. *Outlook on Agriculture,* 18 : 46-53.

Niangado O., Ouendeba B., 1987 – Amélioration variétale du mil en Afrique de l'Ouest. *In : Proceedings of the International Pearl Miller Workshop,* 7-11 April 1986, ICRISAT Center, India : 83-94. Scientific Editor J.R. Witcombe.

Siaka S. B., Ouendeba B., Kumar K. A., 1996 – *Caractérisation des cultivars locaux de mil du Niger.* Communication présentée aux journées biologiques de l'Institut National de Recherche Agronomique du Niger (INRAN) du 25 au 26 mars 1996. Niamey, Niger, INRAN.

Siaka S. B., Ouendeba B., Kumar K. A., 2002 – *Stratégies de sélection du mil pour le Sahel.* Communication présentée à la réunion du CFC "Utilization of Regional Germplasm in the Improvement of Sorghum and Pearl Millet and Improved Post-Harvest Technologies", tenue du 23 au 26 avril 2002 à Bamako au Mali.

Soumana I., 2001 – *Bilan diagnostic sur la production du Mil et du Sorgho au Niger.* CNC-IMS.

Valorisation et préservation de la diversité génétique du mil au Mali

M. Kouressy
Généticien

M. Vaksmann
Agronome

O. Niangado
Généticien

M. Sanogo
Agronome

Introduction

Pour faire face aux besoins alimentaires d'une population croissante l'agriculture africaine doit s'intensifier. Cependant, les variétés traditionnelles de mil (*Pennisetum glaucum*) qui ont l'avantage d'être rustiques ont un trop faible potentiel de production pour valoriser les techniques agronomiques modernes. C'est pourquoi la recherche s'est orientée vers de nouvelles structures variétales permettant d'augmenter la productivité des mils. C'est ainsi que les programmes d'amélioration des plantes ont consacré beaucoup d'efforts à la mise au point de variétés à développement plus rapide et au port moins exubérant que les écotypes traditionnels. Il s'agissait de mieux valoriser les éléments fertilisants en diminuant la production de paille au profit de la production grainière. Pour cela, on a introduit des gènes de nanisme et raccourci le cycle à partir de croisements à base de matériel exogène (JACQUINOT, 1972). L'obtention de variétés insensibles à la photopériode a été un des principaux critères de sélection.

Les grandes sécheresses des années 1970 ont conforté ces objectifs car il semblait logique que la diminution de la durée du cycle faciliterait l'adaptation à des hivernages plus courts. Pourtant, l'évaluation de l'impact de la recherche sur le développement rural montre que les variétés améliorées obtenues sont peu adaptées aux systèmes de production d'Afrique de l'Ouest en raison, peut-être, de leur manque de souplesse face à la variabilité de l'environnement (LAMBERT, 1983 ; VAN STAVEREN et STOOP, 1986). En effet, les pays de cette région se caractérisent par une variabilité climatique importante associée à une très faible fertilité des sols. Les agriculteurs ont domestiqué et sélectionné des céréales qui, quoique peu productives, sont adaptées à cet environnement. La stabilité de la production et la résistance aux stress environnementaux sont des caractéristiques majeures des écotypes ouest-africains (STOOP *et al.*, 1981 ; MATLON, 1985, 1987).

Les pays soudano-sahéliens se caractérisent par une variabilité climatique importante. Une saison sèche longue (6 à 8 mois) alterne avec une saison des pluies plus courte (de 4 à 6 mois). L'essentiel de la production agricole se passe dans la période humide. L'un des problèmes des agriculteurs est l'impossibilité de prévoir la date de début et la durée de la saison des pluies qui sont très variables d'une année à l'autre.

Dans un premier temps, nous présentons une analyse globale de la saison des pluies du Mali et des principales conséquences agronomiques qui en découlent. Nous abordons ensuite un programme d'amélioration du mil mis en place au Mali et destiné à améliorer la prise en compte des contraintes climatiques. Il s'agit de :

– remplacer la recherche de variétés à large adaptation géographique par la recherche de variétés spécifiquement adaptées à chaque environnement cible ;

– créer des « variétés populations » améliorées à large base génétique locale pour faciliter une préservation dynamique *in situ* du germplasme malien ;

– combiner les caractères de stabilité des écotypes locaux et de productivité des variétés améliorées.

Facteurs climatiques limitant le développement du mil

La décision de semis, le choix d'une variété et le calage du cycle de culture sont particulièrement difficiles en conditions soudano-sahéliennes car la saison des pluies débute de façon erratique et s'interrompt brusquement. Sous des apparences imprévisibles la saison des pluies obéit pourtant à des règles générales dont la connaissance peut faciliter et orienter les choix agronomiques.

Les caractéristiques de l'année pluviométrique ont été déterminées par l'étude de l'évolution du remplissage de la réserve en eau utile du sol, simulée à l'aide d'un modèle simple de bilan hydrique (TRAORÉ *et al.*, 2000). Nous caractérisons la saison des pluies par ses dates de début et de fin définies comme suit :

– la date de début de la saison est le moment où, à partir du 1er mai, le stock hydrique atteint 30 mm sans redescendre au-dessous de 15 mm dans les 20 jours qui suivent. Cette date correspond généralement aux périodes de préparation du sol et aux premiers semis dans les systèmes traditionnels ;

– la date de fin de saison correspond au moment où la satisfaction des besoins en eau (ETR/ETP) descend définitivement au-dessous de 90 %. C'est le moment où la pluviométrie ne compense plus l'évapotranspiration. Après la fin de saison, le sol s'assèche progressivement. Cette période correspond généralement à la maturation du grain qui se fait grâce à l'eau stockée dans le sol et aux dernières pluies.

Ces termes ont été calculés sur 110 postes pluviométriques du Mali. La cartographie réalisée utilise un modèle d'interpolation linéaire de krigeage.

A mesure que l'on se déplace vers le sud, la saison des pluies démarre plus précocement et se termine plus tardivement (fig. 1 et fig. 2). Ainsi, de Nara à Kadiolo, le début de saison passe du 25 juillet au 15 mai, et la fin du 15 septembre au 10 octobre. La durée moyenne de la saison des pluies varie donc de 50 à 150 jours tandis que la pluviométrie moyenne annuelle passe de 400 à plus de 1 000 mm.

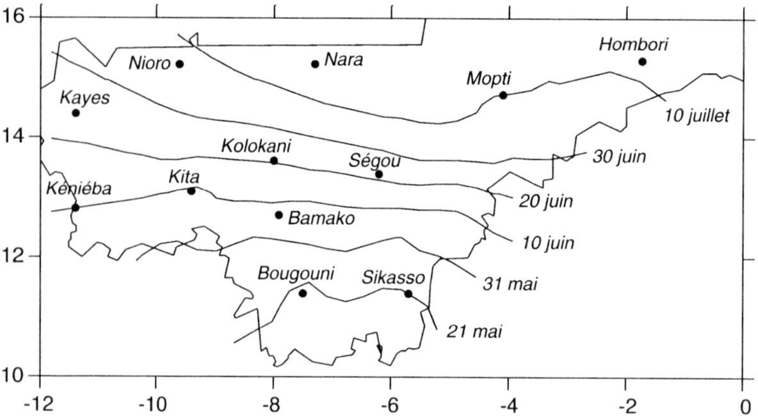

▌Figure 1
Dates moyennes de début de la saison pluvieuse sur la période 1959-1998 au Mali. A mesure que l'on se déplace vers le nord, la saison des pluies démarre plus tardivement.

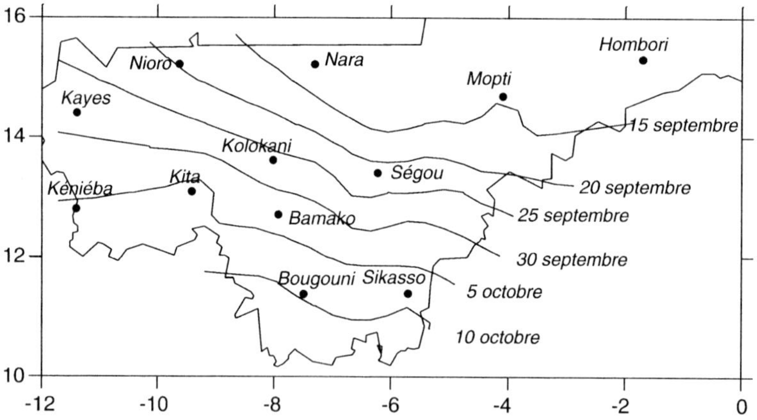

▌Figure 2
Dates moyennes de fin de la saison pluvieuse sur la période 1959-1998 au Mali. A mesure que l'on se déplace vers le nord, la saison des pluies se termine plus tôt.

Sur cette variation spatiale se surimpose une variation interannuelle tout aussi importante (fig. 3). En un même site, à Ségou par exemple, le début de l'hivernage peut varier du 10 mai au

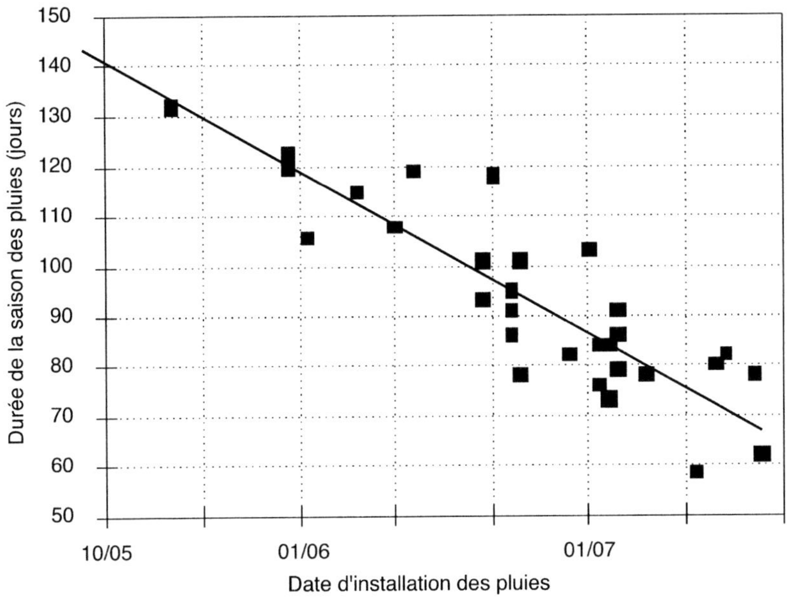

Figure 3
Relation entre la durée et le début de la saison pluvieuse.
Chaque point correspond à une année entre 1950 et 1998 à Ségou.
La durée de la saison dépend étroitement de la date de début des pluies. Ce comportement est caractéristique du climat Soudano-Sahélien. C'est pourquoi la durée de la saison varie fortement d'une année à l'autre.

15 juillet. Cette variabilité inter-annuelle de la durée de la saison dépend davantage de la date de début que de la date de fin, et ces deux dates sont indépendantes. Ceci infirme la croyance populaire selon laquelle les débuts tardifs de la saison sont compensés par des fins aussi tardives. Il est important de noter que la variation inter-annuelle du climat sur un site donné est du même ordre de grandeur que la variation spatiale du nord au sud de la zone de cultures pluviales du Mali.

Cette grande incertitude sur la date d'arrivée des pluies entraîne une grande variabilité inter-annuelle de la date de semis des cultures sèches et, en conséquence, une grande variabilité de la durée de l'hivernage utile. Il s'agit de la caractéristique principale du climat soudano-sahélien : la durée de la saison de pluies est très variable d'une année sur l'autre et dépend essentiellement de la date d'arrivée des pluies.

Les conséquences agronomiques de cette structuration de la saison des pluies sont nombreuses :

– précocité du semis : la précocité du semis est le principal facteur explicatif du rendement des cultures sèches. Pour les céréales comme pour le coton, un semis précoce assure une bonne utilisation de la saison des pluies et permet notamment d'éviter les courtes périodes sèches qui se produisent en juin et juillet et forcent souvent les agriculteurs à semer trop tardivement.

Dans la plupart des cas il vaut mieux prendre le risque de semer précocement, en juin, plutôt que d'attendre en espérant des pluies plus importantes.

En cas d'échec le risque de devoir ressemer est négligeable en comparaison de risques encourus en cas de semis trop tardif. Un semis réalisé tardivement, peu avant les grosses pluies d'août, est peu propice au développement des jeunes plants qui d'une part supportent difficilement l'agressivité des pluies et d'autre part sont moins compétitifs avec les adventices. De plus, les plants semés tardivement sont fortement attaqués par les insectes et doivent pousser dans un sol plus acide, souvent moins riche en azote.

– étalement des semis : en un lieu donné la date de semis n'a pas une valeur fixe, il s'agit toujours d'une période de semis. Chaque année, les semis commencent dès l'installation des pluies et s'étalent souvent sur plus d'un mois suivant la structure de la saison des pluies et les contraintes d'exploitation. En conséquence, les variétés et les techniques culturales proposées aux agriculteurs doivent impérativement s'adapter à des semis très imprévisibles.

– la sécheresse : la baisse de pluviométrie observée dans la région depuis 40 ans ne s'est pas accompagnée d'un changement important de la structure de la saison des pluies. La variabilité inter-annuelle du début et de la fin de saison est aussi forte avant et pendant la période sèche. La sécheresse a donc eu des conséquences plus importantes sur le fonctionnement hydrologique (recharge des nappes, cultures de bas-fonds) que sur l'adaptation au milieu des plantes de culture sèche.

– variétés photopériodiques (fig. 4) : les céréales locales se sont adaptées grâce au photopériodisme qui permet aux plantes de moduler la durée de leur cycle en fonction de la durée probable de la saison des pluies (VAKSMANN et TRAORÉ, 1994 ; VAKSMANN *et al.*, 1996). Ce caractère a longtemps été négligé par les programmes de recherche mais la conservation du photopériodisme est, à présent, devenue un objectif prioritaire des programmes d'amélioration des céréales, ce qui permettra d'obtenir des variétés spécifiquement adaptées aux contraintes climatiques du Mali.

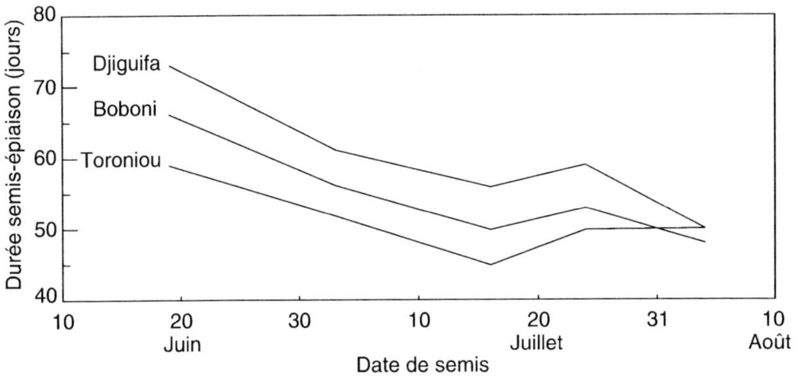

Figure 4
Mise en évidence du photopériodisme. Relation entre la date de semis et la durée de la période végétative de 3 variétés de mil du Mali.

Conséquences pour l'amélioration du mil

Critères de sélection

En plus des critères classiques de sélection du mil (résistance aux stress biotiques, qualité du grain) nous développons particulièrement les aspects d'adaptation au climat en relation avec l'augmentation de productivité.

Adaptation au climat

Le terme de « Précocité » se retrouve souvent dans les demandes des paysans mais il doit s'interpréter comme une demande d'adaptation au climat et non comme une demande de précocité au sens strict. La variété ne doit pas fleurir trop tôt (oiseaux, moisissures) ni trop tard (sécheresse). A ce niveau, le photopériodisme est un caractère essentiel d'adaptation aux incertitudes climatiques. Comme nous l'avons vu précédemment, la durée du cycle des mils locaux se raccourcit lorsque le semis est retardé ce qui permet l'ajustement de la durée du cycle de la plante à la durée probable de la saison des pluies.

Le photopériodisme a souvent été éliminé du matériel amélioré pour (entre autres) les raisons suivantes :
– on a privilégié la recherche de variétés précoces à *large adaptation géographique*. On espérait obtenir des variétés précoces avec une plus grande aire de diffusion.
– Parallèlement on a recherché des variétés précoces qui s'adapteraient mieux à des hivernages plus courts et donc à la sécheresse.
– On pensait que le photopériodisme était difficile à prendre en compte dans un programme d'amélioration et que ce caractère n'était notamment pas compatible avec l'intensification. La réduction de taille provoquerait un empilement des feuilles défavorable à la croissance.

A posteriori on s'aperçoit que cette démarche n'a pas permis de déboucher sur du matériel notablement plus performant que les variétés locales car :
– dans un environnement aussi aléatoire que celui du Mali le mythe de la variété passe-partout doit être abandonné. Nous devons privilégier les adaptations spécifiques à chaque milieu cible.
– Comme il a été montré au chapitre précédent, on ne peut pas résumer la sécheresse à une réduction de la durée de la saison des pluies. Une variété précoce nécessitera souvent de retarder le semis avec des conséquences parfois catastrophiques.

Nos travaux montrent que le caractère photopériodique du mil est de nature polygénique (fig. 5) et relativement facile à fixer au sein d'une population. Il est aussi compatible avec une forte réduction de la longueur des entre-nœuds sur la tige (KOURESSY *et al.*, 1998).

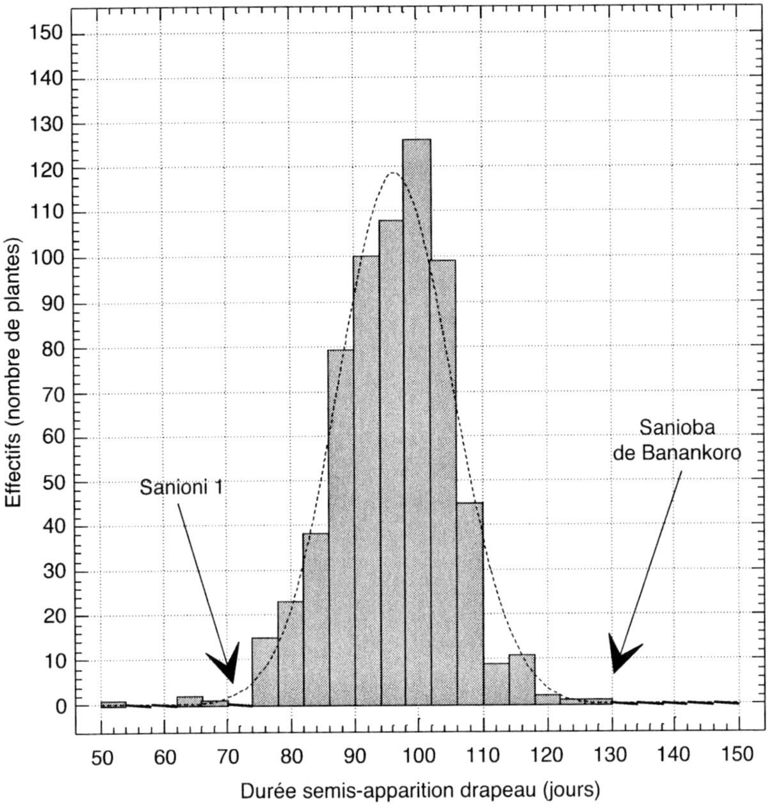

I Figure 5
Distribution de la durée de la période végétative d'une population recombinante F2 résultant du croisement entre un mil précoce (Sanioni) et tardif (Sanioba).

Productivité

Vouloir concilier la productivité du matériel moderne et la stabilité des cultivars locaux consiste à chercher des variétés qui sans engrais produisent au moins autant que les variétés locales, mais capables de produire plus si les conditions de culture le permettent.

Dans de bonnes conditions de culture, les performances des écotypes locaux de sorgho sont faibles en raison de leur indice de récolte particulièrement bas (rapport de la production de grain sur la biomasse aérienne totale). L'essentiel de la production de biomasse des variétés locales se trouve dans la tige (fig. 6).

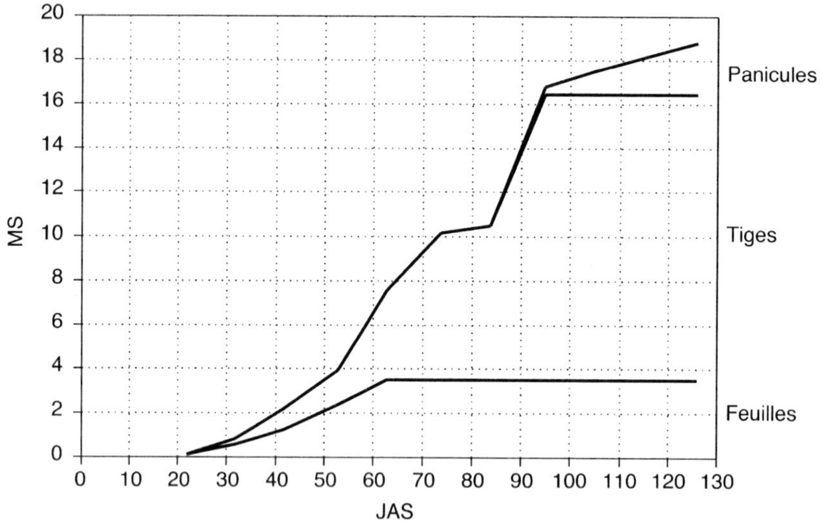

I Figure 6
Evolution des différentes fractions de la biomasse aérienne d'une variété locale de mil (Guefoué 16). JAS = jours après semis, MS = matière sèche en tonnes/ha.

La modification de cette répartition au profit du grain est nécessaire pour la mise au point de variétés productives. On cherche une variété ayant l'indice de récolte d'une variété améliorée et le cycle d'une variété locale.

La réduction de taille des mils locaux est un caractère essentiel de notre programme. La conciliation nanisme et photosensibilité permettra d'augmenter l'indice de récolte et la densité de peuplement à l'unité de surface.

D'un point de vue strictement génétique, la réduction de taille de la tige n'entraîne pas de modification des autres organes. En revanche, du point de vue physiologique elle provoque une modification profonde de la plante et du peuplement. La réduction de la taille des entre-nœuds sans diminution de la surface foliaire provoque, d'une part, une redistribution des produits de la photosynthèse vers d'autres organes (talles, racines) et modifie, d'autre part, les phénomènes de compétition au sein du peuplement végétal.

On s'intéresse particulièrement au tallage car parmi les céréales sarclées, le mil représente une véritable exception par son tallage puissant. Ce caractère lui confère une forte capacité de colonisation du milieu qui permet de régulariser la couverture végétale et notamment de compenser les déficits de peuplement dus aux sécheresses en début de campagne agricole. Ce caractère assure aussi une couverture rapide du sol par la culture, limitant le développement des adventices et protégeant le sol contre l'agressivité des pluies. Chez les mils de grande taille, la concurrence entre plants limite le développement des talles qui peuvent régresser. La réduction de la taille des tiges diminue la concurrence entre les tiges et permet d'attribuer plus d'assimilats au développement des talles.

Méthodologies de sélection : sélection récurrente phénotypique

L'amélioration des céréales locales se heurte à la très grande dispersion des caractères intéressants parmi les variétés du Mali. Il serait illusoire de vouloir réunir tous ces caractères en un seul cycle de sélection. La sélection récurrente est bien adaptée à cette problématique, chaque cycle de sélection permettant d'accumuler une partie des caractères recherchés.

Cette méthode permet une amélioration continue du matériel de base avec, à tous moments, des possibilités de « sortie » vers la création de variétés. Il s'agit aussi d'un système ouvert facilitant l'introduction permanente de nouveaux matériels et particulièrement les écotypes locaux.

Nous voulons, de plus, laisser les populations en cours de création évoluer dans différents milieux favorisant ainsi les adaptations spécifiques. Le brassage des gènes en conditions naturelles, soumis d'abord à la pression de sélection du milieu puis à celle exercée par l'homme, permet de faire émerger des individus porteurs de caractères intéressants. On recrée ainsi des « variétés de pays » ou « variétés populations ».

Ces populations présentent l'avantage d'être perçues comme des variétés par les agriculteurs, elles se prêtent à l'évaluation du rendement et permettent une sélection sur des caractères agronomiques comme l'aptitude des plantes à valoriser les apports de fertilisants et à supporter des densités de peuplement élevées. De plus une large base génétique procure une certaine homéostasie à la population qui s'adapte plus facilement aux variations des conditions du milieu.

La méthodologie suivante est employée :

– création de pools génétiques à large base locale :

13 variétés locales et une population améliorée de taille courte ont été intercroisées puis mises en pollinisation libre afin de créer une population initiale à très large base génétique. Cette population est semée dans chaque zone cible.

– Homogénéisation sur le cycle et la taille :

très tôt on effectue une pression de sélection sur la taille (allèle récessif du gène de nanisme d2) et sur le cycle (la floraison doit coïncider avec celle des variétés locales de la zone cible). Au sein de la population, les plants ne doivent pas être trop variables sur ces deux caractères si l'on veut pouvoir travailler en grandes parcelles à l'instar d'une variété.

– Brassage génétique en contre-saison :

les 50 meilleurs individus sont conservés et mis en pollinisation libre, en contre-saison, afin d'améliorer le brassage génétique.

– Travail en parcelles agronomiques :

la population relativement homogène pour la taille et le cycle est cultivée, en saison normale de culture, dans des conditions agronomiques (1/2 ha) à forte et faible densités. La sélection des 50 meilleurs plants permet de relancer le brassage génétique.

On répète l'alternance de sélection en saison et de brassage génétique en contre-saison jusqu'à l'obtention d'une population suffisamment homogène et stable pour être considérée comme une « variété population ».

– Sélection décentralisée et participative :

les « variétés populations » sont ensuite cultivées dans des conditions représentant la diversité des milieux. La participation du paysan se fait à différents niveaux : son environnement et ses contraintes (climat et sols) ; ses techniques culturales (dates de semis, mécanisation, gestion de la fertilité) ; sa participation au choix et à l'évaluation du matériel végétal.

Des organisations paysannes provenant des différentes zones climatiques du Mali participent à la différenciation des populations initiales en « variétés populations » spécifiquement adaptées à chaque zone.

Discussion et conclusion

Nos objectifs sont doubles. Il s'agit d'une part, de proposer aux agriculteurs désirant intensifier une alternative en matière de production de mil afin d'éviter qu'ils ne se tournent vers d'autres céréales et d'autre part, de valoriser et préserver la remarquable diversité génétique des variétés locales du Mali.

L'amélioration génétique du mil peut sembler un objectif un peu chimérique au regard des faibles résultats obtenus dans le passé. On s'adresse à une céréale très rustique, particulièrement bien adaptée à son environnement et aux méthodes de cultures traditionnelles. Dans ces conditions, il est difficile d'espérer obtenir des variétés nettement supérieures aux cultivars locaux. Pourtant, la mutation profonde qui caractérise l'agriculture africaine moderne (fixation de l'agriculture, intensification, utilisation des intrants, etc.) rend les paysans plus exigeants et offre de nouveaux débouchés pour des variétés performantes. Le moment est donc venu d'initier un programme ambitieux d'amélioration de la productivité du mil.

Par certains côtés l'amélioration du mil est plus facile que celle du sorgho :

– les croisements sont plus aisés, l'allogamie naturelle permet de gérer des populations en maintenant une grande diversité génétique ;

– les mils de taille courte sont facilement acceptés par les paysans qui ne les distinguent pas des autres mils (à la différence du sorgho nain qui est considéré comme une autre espèce) ;

– le travail sur des populations permet donc de travailler plus tôt avec les paysans qui considèrent le peuplement comme une variété comparable aux leurs ;

– les populations évoluent dans chaque environnement cible. On débouche rapidement sur des populations spécifiquement adaptées ;

– le nombre de caractères sur lesquels il faut travailler est plus restreint ; les agriculteurs tolèrent une plus grande diversité au sein d'un même peuplement de mil.

Un point essentiel du programme de sélection réside dans la volonté de créer des variétés adaptées à des environnements spécifiques. La sélection pour l'adaptation spécifique conduit à un progrès génétique supérieur par rapport à la sélection pour l'adaptation générale.

La différence essentielle est sur le nombre de variétés à produire, autant de variétés que de milieux. Il n'est généralement pas de l'intérêt économique du sélectionneur d'avoir trop de variétés à adaptation étroite. La sélection participative et notre maîtrise des caractères d'adaptation comme le photopériodisme faciliteront la création et la gestion de « variétés populations » adaptées aux différentes situations.

Bibliographie

JACQUINOT L., 1972 – Résultats et perspectives des recherches effectuées au Sénégal sur la potentialité du mil céréalier (*Pennisetum typhoïdes*). *L'Agronomie Tropicale, 27 : 815-821.*

KOURESSY M., NIANGADO O., VAKSMANN M., REYNIERS F. N., 1998 – « Etude de la variabilité phénologique des mils du Mali et de son utilisation pour l'amélioration variétale ». *In* : *Le futur des céréales photopériodiques pour une production durable en Afrique tropicale semi-aride.* Actes du séminaire final. [Projet STD3 TS3 93.0223], Florence, Italie, Montpellier, France, CIRAD : 59-75.

LAMBERT C., 1983 – Influence de la précocité sur le développement du mil (*Pennisetum typhoïdes* STAFF et HUBBARD). I. Elaboration de la touffe. *L'Agronomie Tropicale*, 38 : 7-15.

MATLON P. J., 1985 – « Analyse critique des objectifs, méthodes et progrès accomplis à ce jour dans l'amélioration du sorgho et du mil : une étude de cas de l'ICRISAT/Burkina Faso ». *In : Technologies appropriées pour les paysans des zones semi-arides de l'Afrique de l'ouest*, Université de Purdue, USA : 181-211.

MATLON P. J., 1987 – « Making Millet Improvement Objectives Fit Client Needs : Improved Genotypes and Traditional Management Systems in Burkina Faso ». *In* : *Proceedings of the International Pearl Millet Workshop*, 7-11 avril 1986 : 233-245.

STOOP W. A., PATTANAYAK C. M., MATLON P. J., ROOT W. R., 1981 – « A strategy to raise the productivity of subsistence farming systems in the west African semi-arid tropics », pp. 519-526. *In : Proceedings, Sorghum in the Eighties*, ICRISAT, 2-7 November 1981, Patancheru, A. P., India : 502 324.

TRAORÉ S. B., REYNIERS F. N., VAKSMANN M., KONÉ B., SIDIBÉ A., YOROTÉ A., YATTARA K., KOURESSY M., 2000 – Adaptation à la sécheresse des écotypes locaux de sorghos du Mali. *Sécheresse*, 11 : 227-237.

VAKSMANN M., TRAORE S. B., 1994 – « Adéquation entre risque climatique et choix variétal du mil ». *In : Bilan hydrique agricole et sécheresse en Afrique tropicale*, Paris, John Libbey Eurotext : 113-123.

VAKSMANN M., TRAORÉ S., NIANGADO O., 1996 – Le photopériodisme des sorghos africains. *Agriculture et Développement*, 9 : 13-18.

VAN STAVEREN J. PH., STOOP W. A., 1986 – Adaptation aux types de terroirs des toposéquences de l'Afrique de l'Ouest de différents génotypes de sorgho, de mil et de maïs. *L'Agronomie Tropicale*, 41 : 203-217.

Etude de la diversité des variétés traditionnelles de mil au Rajasthan (Inde)

K. vom Brocke
Généticienne

A. Christinck
Agro-socioéconomiste

V. Hoffmann
Agro-socioéconomiste

E. Weltzien
Généticienne

T. Presterl
Sélectionneur

H. H. Geiger
Généticien

Au Rajasthan, un Etat semi-aride situé dans la région nord-ouest de l'Inde, les variétés traditionnelles de mil sont cultivées et gérées par les cultivateurs. La chaîne de montagnes Aravali partage l'Etat en deux parties géographiquement distinctes. La chaîne de montagne protège la partie ouest où la pluviométrie annuelle varie de 350 mm à moins de 250 mm. Les sols et la pluviométrie sont plus favorables à l'est des montagnes où la pluviométrie annuelle varie de 550 mm à 800 mm. L'objectif de l'étude était de savoir si ces différences aux niveaux agroclimatique et systèmes de production ont un effet sur la gestion semencière des cultivateurs, ce qui pourrait conduire à une structuration différente de la diversité des variétés locales de mil.

Bilan

Des enquêtes et des collectes d'échantillons de semences ont été réalisées par une équipe de prospecteurs dans les principales zones de culture du mil du Rajasthan pendant les mois de septembre et octobre 1997 (Christinck *et al.*, 2000). Les principaux critères pour le choix des échantillons ont été, d'abord l'absence d'introgression intentionnelle par des variétés modernes et ensuite le fait que la variété soit considérée par le cultivateur comme une variété pure ou représentative d'un type variétal. Plus de 800 cultivateurs ont été questionnés : au bord de la route, dans les buvettes ou au champ. Les informations recueillies concernent la description des variétés, l'origine détaillée de chaque variété et les pratiques utilisées pour la gestion des semences. Dans cette étude, six groupes de populations de mil ont été comparés : des variétés traditionnelles représentatives des régions ouest (WLR) et est (ELR) du Rajasthan, des variétés de l'ouest du Rajasthan gérées par les cultivateurs (FS), des variétés d'origine africaine (A), des variétés modernes, soit obtenues par fécondation libre (V), soit des variétés hybrides simples (H).

Pour chaque variété, 20 à 30 plantes (une plante par chandelle) ont été cultivées en serre pour l'extraction d'ADN à partir des feuilles. Les marqueurs AFLP ont été utilisés pour l'analyse du polymorphisme génétique de ces échantillons. Les bandes ont été codées en présence (1) absence (0) pour chacun des 39 cultivars analysés. Ces données ont permis de calculer les indices de description de la variabilité intra-populations (indice de Shannon), la variance intra-groupes (AMOVA) et la distance génétique entre cultivars (FST de Wright).

Analyse AFLP

Quatre amorces ont été utilisées sur 1 064 individus ce qui a permis de mettre en évidence 235 marqueurs polymorphes, soit 52 à 63 marqueurs par amorce. Le polymorphisme révélé par les marqueurs AFLP chez les 39 cultivars varie de 92 % chez la population « plein-frères » P16 à moins de 20 % chez les hybrides simples, soit une moyenne de 69 %, calculée en pourcentage de locus polymorphes.

Structuration de la diversité

On observe que les facteurs agroclimatiques régionaux n'ont qu'un faible effet sur la diversité génétique moyenne des cultivars étudiés. L'indice estimé pour la région ouest (0,34) n'est que très légèrement supérieur à celui obtenu pour la région est (0,32) mais ils diffèrent par au moins une fois l'intervalle de confiance (tabl. I). L'étude a

Groupes de variétés	N	Hgroupe	PM %
Variétés de l'ouest du Rajasthan (WL)	22-34	0,337 ± 0,004	76,8
Variétés de l'est du Rajasthan (EL)	19-31	0,317 ± 0,005	69,5
Variétés « plein-frères » (FS)	87-99	0,357 ± 0,009	88,8
Variétés en fécondation libre (V)	28-30	0,287 ± 0,010	64,5
Variétés d'origine africaine (A)	30	0,258 ± 0,012	56,4
Variétés hybrides (H)	4-5	0,118 ± 0,007	19,4

Tableau I
Indice de Shannon (H) et pourcentages moyens de marqueurs polymorphes calculés sur les six groupes de variétés (PM).

montré que la diversité génétique des variétés traditionnelles de mil est de 9 à 14 % plus importante comparée à celle des variétés modernes composites (0,29) et presque trois fois plus importante que celle estimée chez les variétés hybrides (0,12).

L'AMOVA a révélé que 88 % de la diversité génétique totale pouvait être attribuée à la diversité intra-population. Les variations entre échantillons d'un même groupe de cultivars et entre groupes de cultivars sont respectivement de 4,9 % et 6,7 %. Pour la région ouest de Rajasthan, l'analyse a montré que la variation entre les villages n'est pas significative et que la variation entre les variétés traditionnelles d'un même village est faible mais significative. La variation entre les individus d'une même variété explique les 98 % de variation restante. Pour la région est, la variation est significative pour les trois niveaux de variation : 5 % de la diversité génétique totale sont attribuables à la variation entre groupes de variétés et 93 % à la variation intra-variétale.

Distances génétiques entre les variétés des cultivateurs

Les comparaisons deux à deux des distances génétiques entre les 39 cultivars sont représentées à l'aide d'un dendrogramme (fig. 1). On observe un groupe principal dont diverge une seule branche représentant la variété hybride H3 (HHB67). Les cultivars prove-

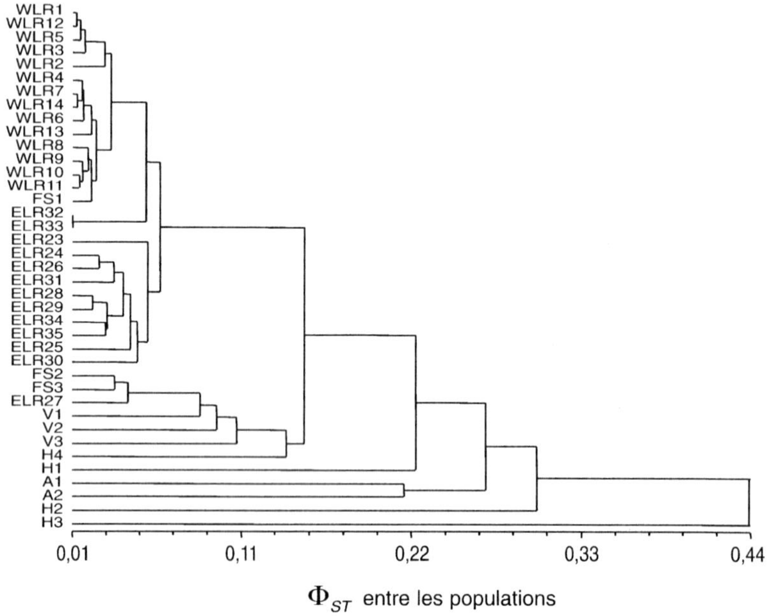

Figure 1
Dendrogramme UPGMA présentant les distances génétiques (Φ_{ST} valeurs) entre les 39 variétés de mil, sur la base des 235 marqueurs AFLP. Il s'agit de : cultivars de l'ouest (WLR) et de l'est (ELR) du Rajasthan, de variétés " plein-frères " de l'ouest de Rajasthan (FS), des variétés améliorées en fécondation libre (V), de variétés d'origine africaine (A) et de variétés Hybrides (H).

nant des régions est et ouest constituent deux sous-groupes séparés des variétés à pollinisation libre et des populations gérées par les cultivateurs.

Les groupes du dendrogramme correspondant aux régions est et ouest correspondent aux groupes de cultivars définis au préalable pour la majorité des cultivars. Les deux groupes de variétés constituent deux proches ensembles : le premier rassemble les variétés de l'ouest, précoces, présentant un fort tallage et de taille courte à moyenne, et le second rassemble les variétés de l'est, plus tardives, de taille haute et à rendement plus élevé. Les populations FS2 et FS3 gérées par les cultivateurs provenant du district de Jodhpur constituent un autre groupe avec les variétés en pollinisation libre V1-3, ce qui indique que l'introgression de matériel amélioré a contribué à l'augmentation de la dissimilarité entre les variétés traditionnelles. Les deux variétés « plein frères » ont été produites à partir des stocks de semences appartenant aux cultivateurs qui avaient été fortement introgressées par des variétés modernes.

Facteurs pouvant influencer l'organisation de la diversité des mils au Rajasthan

D'une manière générale, les cultivateurs de l'ouest du Rajasthan pensent que leurs variétés sont toutes semblables car c'est ce type variétal qui s'est adapté aux aléas climatiques et aux conditions édaphiques de la région. Sur la base du polymorphisme AFLP, les variétés traditionnelles originaires des différents villages de l'ouest du Rajasthan sont presque identiques. Selon les explications fournies par les cultivateurs, l'effet de la sélection naturelle serait probablement similaire sur l'ensemble des variétés de mil dans cette région ouest du Rajasthan. De plus, les cultivateurs expliquent que pendant les périodes de sécheresse, il est courant de perdre les semences. Dans de telles situations, ils sont obligés d'acquérir de nouvelles semences soit au sein de leur propre village, soit dans un village proche. On ne peut donc pas s'attendre à ce que les cultivars diffèrent vraiment d'un village à l'autre.

Au contraire, les cultivateurs de l'est du Rajasthan distinguent clairement les types de variétés traditionnelles qui sont morphologiquement différentes et qui sont souvent baptisées du nom du village d'où elles sont originaires. Ces cultivateurs évitent toute source de diversification afin de préserver l'idéotype de leur variété propre. Deux tiers des cultivateurs qui ont fourni des échantillons pratiquent la sélection sur les caractéristiques de la chandelle. Une autre méthode d'amélioration des semences utilisée par certains cultivateurs, dans certains villages particuliers, est l'échange de semences, tous les 3 à 5 ans, avec des cultivateurs du même village. Comme l'a montré l'AMOVA, la variation entre les groupes de variétés portant le même nom est plus importante que la variation entre les populations à l'intérieur de ces groupes (tabl. I). Ce modèle d'organisation de la diversité s'accorde avec les affirmations des cultivateurs sur leurs efforts pour préserver le caractère « unique » de leurs variétés.

Le caractère « unique » ou la supériorité de certains types de cultivars dans l'est de Rajasthan constitue la base des marchés de semences de la région. Les variétés Dhodsar EL28 et EL29 et Sulkhania EL32 et EL33 montrent que les populations provenant du même village peuvent être presque identiques génétiquement. L'échange régulier de semences – une autre méthode d'amélioration de semences pratiquée par les cultivateurs de l'est de Rajasthan – à l'intérieur d'un même village, en plus de la fécondation croisée, peut expliquer les similitudes observées au niveau moléculaire.

Conséquences pour le maintien des ressources génétiques au Rajasthan

La présente étude a démontré que des stratégies différentes devront être mises en œuvre pour des programmes de conservation *in situ* à l'est et à l'ouest du Rajasthan. L'ouest du Rajasthan présente un système de gestion des semences ouvert et dynamique. Il est vital que les semences soient disponibles avant le semis. Les cultivateurs s'approvisionnent en semences à différentes sources mais ils préfèrent se fournir auprès des cultivateurs réputés pour leur production de semences de bonne qualité. Le système de reproduction du mil associé aux pratiques des cultivateurs a conduit à des variétés identiques dans une région donnée, mais très hétérogènes. Les projets de conservation *in situ* des variétés traditionnelles de mil devront se focaliser sur quelques sites spécifiques où les variétés modernes sont moins fréquemment trouvées. L'accent devra être mis sur le maintien d'une forte diversité intra-variétale. Dans la région est du Rajasthan, le caractère « unique » de chaque variété est lié aux situations spécifiques de chaque village. Certains villages réputés constituent la base du marché traditionnel de semences. Pour tenir compte de cette particularité, les projets de conservation *in situ* devront être centrés sur ces villages. En collaboration étroite avec les cultivateurs, qui traditionnellement font partie intégrante des réseaux de semences, des actions devront être conçues afin de maintenir ou d'augmenter la demande de semences vers ces villages réputés. Des méthodes d'amélioration de variétés qui visent à accroître la tolérance aux stress biotiques, comme par exemple le *striga* à Sulkhania, pourraient servir d'exemple.

Enfin, la présente étude montre l'utilité de l'association des méthodes de génétique des populations avec les recherches en sciences sociales. Les deux disciplines conjuguées pourront aider à identifier des stratégies possibles de conservation durable et d'amélioration des cultures. Ceci est particulièrement le cas dans des zones marginales ou socialement diverses telles que l'État du Rajasthan. L'évaluation du savoir et du savoir-faire des cultivateurs en matière de gestion de semences est une composante clé de la compréhension des réseaux de semences actuels et, en conséquence, de la compréhension des effets de ces systèmes de gestion des semences sur la structure génétique des populations.

Bibliographie

Christinck A.., vom Brocke K., Kshirsagar K. G, Weltzien E. Bramel-Cox P.J., 2000 – Participatory methods for collecting germplasm : Experiences with farmers in Rajasthan, India. *Plant Genetic Resources Newsletter, 121* : 1-9.

Le mil [*Pennisetum glaucum* (L.) R. Br.] : transfert de technologie et sélection participative

G. O. Omanya
Sélectionneur

Introduction

Durant la révolution verte, le transfert des technologies pour l'amélioration des rendements s'est effectué avec succès. Les scientifiques ont développé de nouvelles technologies en station de recherche, transférées aux cultivateurs par l'intermédiaire d'agents-vulgarisateurs. Les cultivateurs ont été perçus comme des récepteurs passifs de ces nouvelles technologies (WHYTE, 1981), la participation des cultivateurs dans le processus se limitant à la fourniture des champs pour les expérimentations sur le terrain. (TRIPP, 1982, MAURYA *et al.*, 1988). Une conséquence de cette situation a été la faible implication systématique des cultivateurs dans la recherche dans les pays en voie de développement (MERRILL-SANDS and COLLIN, 1993), particulièrement en ce qui concerne le diagnostic des priorités et la conception des technologies. L'ignorance et le conservatisme des cultivateurs, le faible potentiel et les risques élevés liés à l'environnement étaient les raisons avancées pour expliquer l'échec du transfert direct de nouvelles technologies (CHAMBERS, 1991). Cependant, si le transfert des nouvelles technologies disponibles au niveau international et bien adaptées aux zones les plus favorisées s'opère facilement, le processus d'adaptation est plus difficile pour les cultivateurs dont les objectifs et les contraintes sont plus variables, dans les régions où l'environnement est hétérogène et moins favorable (FARRINGTON, 1988). La perception par les sélectionneurs de l'adaptabilité des cultivars à différents environnements devra être enrichie par les savoirs et savoir-faire des cultivateurs sur leurs cultures.

Afin de connaître les préférences des cultivateurs, les obstacles à l'adoption et à la production du mil, une enquête a été conduite. Ce sont les résultats de cette enquête qui sont présentés dans cet article.

Matériel et méthodes

L'enquête a été réalisée en août et septembre 2001 dans douze régions importantes de culture de mil au Niger, au Nigeria, au Mali et au Burkina Faso (tabl. I). Les cultivateurs ont été choisis au hasard au sein d'un échantillon de 33 villages. Une enquête préliminaire avait été réalisée au Niger afin d'aider à l'élaboration d'un questionnaire semi-structuré. Ce questionnaire, proposé aux cultivateurs individuellement ou réunis en groupes de discussions informels ou organisés, a permis la collecte d'informations de type à la fois quantitatif et qualitatif auprès des cultivateurs. Le nombre et le pourcentage de cultivateurs qui mentionnent une caractéristique particulière ont été répertoriés pour chaque pays. L'information qualitative, fruit des discussions avec les cultivateurs, est également discutée.

Pays	Nom des régions visitées	Nombre de villages visités	Nombre de cultivateurs *
Niger	Tillabery, Dosso, Maradi, Zinder	14	92
Nigeria	Borno, Kano, Sokoto	9	54
Mali	Segou, Mopti	7	43
Burkina Faso	Ouagadougou, Kodougou, Waiguya	3	26
Total	12	33	215

* Nombre total de cultivateurs interrogés : entretiens individuels (111) + discussions en groupes (104) = 215

Tableau I
Régions et nombre de cultivateurs interrogés au cours de la saison des pluies 2001.

Résultats

Caractéristiques des cultivars préférées par les cultivateurs

Les entretiens individuels conduits avec 111 cultivateurs du Niger, du Nigeria, du Mali et du Burkina Faso donnent les résultats suivants en ce qui concerne les caractéristiques de la plante et de sa culture par ordre d'importance décroissant : le rendement, la précocité, la longueur et la compacité de la chandelle, un tallage élevé et la résistance à la sécheresse (tabl. II). Ce sont ces mêmes caractéristiques qui ont été citées par les 104 cultivateurs interrogés dans les groupes de discussion. Au cours des discussions informelles, les cultivateurs ont indiqué une préférence distincte pour le goût de leur variété locale, et cela pour les quatre pays visités. Bien que le classement des préférences des cultivateurs diffère selon le pays, le rendement, la précocité, la longueur et la compacité de la chandelle et le goût, ont été le plus souvent cités comme les caractéristiques les plus importantes au cours des discussions informelles et en groupe.

Caractéristiques variétales préférées	Pays				Cultivateurs	
	Niger	Nigeria	Mali	Burkina Faso	Total	Pourcentage
Rendement	35	19	17	11	82	74
Précocité	26	3	14	16	59	53
Longueur de la chandelle	20	4	8	7	39	35
Compacité de la chandelle	8	14	7	9	38	34
Tallage	19	4	7	8	38	34
Résistance à la sécheresse	12	3	7	9	31	28
Nombre de cultivateurs	52	20	23	16	111	

Tableau II
Nombre et pourcentage de cultivateurs par caractéristique variétale préférée et par pays.

Contraintes à l'adoption de variétés améliorées par les cultivateurs

Pour les cultivateurs intérrogés individuellement, les contraintes les plus importantes à l'adoption de variétés améliorées sont les suivantes : la connaissance de l'existence de ces variétés, les valeurs traditionnelles, la disponibilité en semences, la précocité, les dégâts causés par les oiseaux et la disponibilité en engrais (tabl. III). Ces contraintes sont également le plus souvent citées par les 104 cultivateurs au cours des discussions de groupes.

Caractéristiques	Pays				Cultivateurs	
	Niger	Nigeria	Mali	Burkina Faso	Total	Pourcentage
Connaissance	23	11	12	7	53	48
Tradition	18	9	14	8	49	44
Disponibilité en semences	22	6	5	10	43	39
Précocité	20	3	9	10	42	38
Dégâts dus aux oiseaux	7	7	4	11	29	26
Disponibilité en engrais	11	0	6	11	28	25
Nombre de cultivateurs	52	20	23	16	111	

Tableau III
Contraintes à l'adoption de variétés améliorées de mil.

Contraintes à la production rencontrées par les cultivateurs

Les principales contraintes à la production citées par les cultivateurs ayant participé aux entretiens individuels sont : la fertilité des sols, la résistance à la sécheresse, le *striga*, la mineuse de la chandelle, les dégâts causés par les oiseaux et la connaissance de l'existence des variétés améliorées (tabl. IV). Tous les cultivateurs ayant participé aux entretiens pratiquent le démariage et appliquent une fumure organique quand ils en ont la possibilité. Cependant, le nombre de plantes retenues par poquet varie de 5 à 20. Aucun d'entre eux n'utilise de pesticides, principalement à cause de leur coût élevé et de leur disponibilité insuffisante. Lors des discussions en groupes également, les cultivateurs ont mis l'accent sur ces contraintes à la production du mil.

Contraintes	Pays				Cultivateurs	
	Niger	Nigeria	Mali	Burkina Faso	Total	Pourcentage
Fertilité des sols	36	8	17	11	72	65
Sécheresse	24	9	22	16	71	64
Striga	10	3	12	13	38	34
Mineuse de la chandelle	18	8	0	0	26	23
Dégâts dus aux oiseaux	3	11	7	0	21	19
Connaissance	17	0	2	0	19	17
Nombre de cultivateurs	52	20	23	16	111	

Tableau IV
Contraintes à la production.

Discussion

L'enquête a permis de s'entretenir directement avec les cultivateurs sur le mil et sa culture. Il a été constaté qu'il est préférable de mémoriser le questionnaire plutôt que de se présenter devant les cultivateurs le questionnaire à la main, ce qui les rend méfiants. De même, on constate que c'est au cours des discussions conduites de façon informelle et plus relâchée par les enquêteurs que le cultivateur se livre le plus facilement.

Le rendement est la première priorité des cultivateurs : il dépend de la longueur et de la compacité de la chandelle ainsi que du nombre de talles. Les cultivateurs associent ces trois caractéristiques aux rendements plus élevés en grains et en paille. Les cultivateurs accordent une grande importance aux tiges de mil à cause de leurs multiples utilisations, telles que le fourrage, le paillis, la vannerie et le matériau de construction. Dans les quatre pays où l'enquête a été conduite, la récolte en grains ne suffit pas aux besoins nécessaires pour la nourriture de la famille de chacun des cultivateurs : principale cause, les rendements qui sont estimés à 500 kg par hectare. La pauvreté des sols, la sécheresse, le *striga*, les mineuses de la chandelle, les dégâts causés par les oiseaux et l'ignorance de l'existence des variétés plus précoces et plus performantes sont autant de raisons pour ne pas obtenir une meilleure production.

La précocité est citée comme une des caractéristiques préférées des agriculteurs pour les variétés qu'ils cultivent, mais également comme un frein à l'adoption des variétés améliorées. En effet, lors des discussions avec les cultivateurs il est ressorti clairement que les oiseaux, les maladies et autres insectes nuisibles s'attaquent aux variétés les plus précoces parce qu'elles sont les premières à produire des graines et des tiges. D'autre part, la sécheresse, surtout lorsqu'elle intervient après la floraison, affecte de façon encore plus dramatique les cultivars tardifs, essentiellement à cause du manque d'humidité au stade critique du remplissage des grains. Les cultivateurs ont indiqué clairement leur préférence pour une variété à cycle court. Cette variété aurait de plus faibles besoins en eau, une caractéristique avantageuse au Sahel. Cependant, les cultivateurs devront s'investir pour protéger une telle variété contre les oiseaux, les insectes nuisibles et les maladies. Les dégâts dus aux oiseaux pourraient être réduits si pour une région donnée, la majorité de cultivateurs adoptaient des variétés ayant la même ou sensiblement la même longueur de cycle.

La majorité de cultivateurs n'a pas eu connaissance et ne s'est pas vu proposer la gamme très variée de cultivars de mil disponibles en vulgarisation ou en pré-vulgarisation. Les cultivateurs relient cette méconnaissance des variétés améliorées et le manque de disponibilité en semences de ces variétés à de trop faibles, voire inexistants, échanges avec les vulgarisateurs et les chercheurs. Il devient nécessaire d'évaluer avec les cultivateurs l'ensemble des variétés disponibles, et ainsi de pouvoir comparer les variétés locales aux variétés améliorées. Il ressort des discussions que les cultivateurs seront plus motivés pour adopter une technologie (variété améliorée) lorsqu'ils auront été impliqués dans son développement. Notamment, tous les cultivateurs qui ont participé aux entretiens se sont portés volontaires pour tester les variétés améliorées dans leurs propres champs.

Le mil est une plante à pollinisation croisée (allogame préférentielle) avec pour conséquences, au fil des années de reconduction des semences par le cultivateur, une diminution de la qualité des semences et la perte de certaines caractéristiques originales de la variété, ce qui peut conduire à une diminution des rendements. Afin de contrer cet effet, les cultivateurs auront besoin d'une formation sur des techniques permettant de retarder cette perte de qualité des semences de leurs variétés. La production des semences de qualité par les cultivateurs eux-mêmes faciliterait leur accessibilité et leur diffusion.

Les valeurs traditionnelles des cultivateurs se réfèrent à une attitude conservatrice qui fait qu'ils utilisent seulement les variétés locales héritées de leur famille. Les cultivateurs attachent une grande valeur à ces semences « familiales ». Ils considèrent leurs performances comme ayant été testées et prouvées et leur restent fidèles. Avec l'évaluation d'autres variétés présentant les caractéristiques qu'ils recherchent, il est prévisible que les agriculteurs adoptent progressivement ces nouvelles variétés.

Les informations obtenues sur les caractéristiques recherchées par les agriculteurs pour leurs variétés de mil ont fourni des repères pour faire correspondre les variétés à la zone cible. Cependant, ces résultats proviennent de la connaissance qu'ont les cultivateurs de leurs variétés locales et soulignent le besoin de tester avec eux le matériel existant pour la vulgarisation ou la pré-vulgarisation. L'absence totale ou limitée de l'intégration des cultivateurs dans le processus de développement pourrait avoir pour résultat le rejet des variétés améliorées. Ainsi, afin d'optimiser les efforts investis dans la sélection, il est recommandé de faire participer les cultivateurs aux différentes étapes de l'amélioration du mil.

Remerciements

L'auteur remercie sincèrement tous les cultivateurs, le personnel de l'ICRISAT et de ses partenaires pour la réussite de l'enquête. Le soutien de l'Agence Allemande du Développement Technique (le Deutsche Gesellschaft für Technische Zusammenarbeit GTZ) et le Bundesministerium für Wirtsschaftliche Zusammenarbeit und Entwicklung (BMZ) a été apprécié.

Bibliographie

CHAMBERS R., 1991 –
To make the flip: strategies for working with under valued-resource agriculture. Participatory technology Development in Sustainable Agriculture: An introduction.
A reprint of articles published ILEIA.

FARRINGTON J., 1988 –
Farmer participatory research: editorial introduction.
Experimental Agriculture, 24 : 269-279.

MAURYA D., BOTTRAL A., FARRINGTON J., 1988 –
Improved livelihoods, genetic diversity

and farmer participation: a strategy for rice breeding in rainfed areas of India. *Experimental Agriculture,* 24 : 311-320.

MERRIL-SANDS D., COLLIN M. H., 1993 – Making the farmer's voice count in agriculture research. *Quarterly Journal of International Agriculture,* 32 : 260-279.

TRIPP R., 1982 – *Data collection, Site selection and Farmer Participation in on-farm Experimentation.* CIMMYT working Paper, 82/1.

Whyte W. F., 1981 – *Participatory approaches to Agricultural research and Development: A state- of-the-Art.* Ithaca, new York, Cornell University.

Conservation *in situ* : études de cas

partie 2

Conservation et utilisation durable des ressources génétiques des mil, sorgho, niébé et sésame menacées de disparition au Niger

M. Issaka Magha
Ecologue

Introduction

Lorsque à la demande de M. Idrissa Daouada, Président de l'Organisation Nigérienne des Volontaires pour la Protection de l'Environnement (ONVPE), j'ai accepté de présenter le projet de Conservation et d'utilisation durable des ressources génétiques des mil, sorgho, niébé et sésame, je n'avais pas une idée précise des objectifs de l'atelier et du contenu des exposés qui avaient été programmés. Dans ma compréhension, il s'agissait de présenter cette initiative que l'Union Mondiale pour la Nature (UICN) et l'ONVPE avaient eue depuis 1995. Mais, quand j'ai pris connaissance de l'agenda et des thèmes abordés, il m'est apparu que le présent atelier était une opportunité évidente pour i) partager cette idée de projet et élargir le réseau de partenariat en la matière et ii) avoir des éléments de réponse quant aux questions pratiques de mise en œuvre que l'on se pose a priori, en particulier sur la stratégie d'implication des populations dans la conservation *in situ* des espèces annuelles ciblées.

Rappel historique

Pour l'UICN et l'ONVPE, en 1995, il s'agissait d'élaborer un programme de conservation et d'utilisation durable des ressources phytogénétiques (RPG) du Niger qui devrait s'intégrer dans le Plan National de l'Environnement pour un Développement Durable (PNEDD) et plus particulièrement dans la stratégie nationale de conservation de la biodiversité. Il ne s'agissait pas pour ces deux institutions de se substituer au Système National de Recherche Agronomique qui a un mandat officiel en matière de préservation et d'exploitation de la diversité génétique, mais bien de faire accepter dans les débats de politique environnementale que les ressources génétiques sont une composante des ressources biologiques et que la diversité agricole est une part importante de la diversité biologique.

Comme il fallait rester conforme aux consensus internationaux, nous avions considéré i) conformément à la convention sur la diversité biologique, la diversité génétique comme tout matériel d'origine végétale contenant des unités fonctionnelles de l'hérédité et ayant une valeur effective ou potentielle, ou plus spécifiquement tout matériel biologique (gènes, individus, espèces) prélevé parmi la biodiversité végétale par les hommes à des fins alimentaires, agricoles, industrielles, énergétiques, médicinales, esthétiques, artisanales, sociales ou culturelles et à toute autre fin utile et ii) selon l'article 2 de l'engagement international sur les ressources phytogénétiques pour l'alimentation et l'agriculture, le matériel de reproduction ou de multiplication végétative des catégories suivantes : variétés cultivées (cultivars) récemment créées ; cultivars obsolètes ; cultivars primitifs (races de pays) ; espèces sauvages et adventices proches parentes de variétés cultivées ; souches génétiques spéciales (lignées de sélection avancée ; lignées élites et mutants). Autrement dit, il s'agit de la diversité génétique contenue dans les variétés traditionnelles, les cultivars modernes et les plantes sauvages qui peuvent être utilisées pour l'alimentation humaine, animale, l'obtention de fibres de tissus, d'abris, de bois d'œuvre, d'énergie, qu'elle soit conservée *ex situ* ou *in situ*.

Dans l'optique de mettre en œuvre les principales mesures identifiées dans le programme élaboré en 1995 (mesures qui ont été effectivement prises en compte dans la stratégie nationale et le plan d'action sur la biodiversité au Niger adopté par le gouvernement en 1998), l'UICN et l'ONVPE en ont tiré un projet pilote qui a été soumis à différents bailleurs de fonds dont le Fonds pour l'Environnement Mondial (FEM) à travers le guichet PNUD. Malheureusement, le champ d'action était trop vaste et imprécis pour bénéficier d'un financement, puisque le projet concernait en pratique un grand nombre d'espèces cultivées ou spontanées ligneuses et herbacées d'intérêt reconnu pour les populations locales. Aussi, était-il important de procéder à un dimensionnement plus SMART (Spécifique, Mesurable, Applicable, Réaliste et réalisable dans un Temps défini) et plus acceptable pour le FEM et le PNUD.

Ce qui fut fait avec l'aide du PNUD et des institutions de recherche agronomique présentes au Niger (INRAN, ICRISAT, IRD et Faculté d'Agronomie). Ainsi, est né le Projet de conservation et d'utilisation durable des mil, sorgho, sésame et niébé au Niger, objet de la présente intervention. Le Projet étant toujours en attente de financement, il ne peut être question d'étude de cas à présenter à l'atelier mais bien d'une idée de projet, pour laquelle il n'est pas superflu d'avoir des adhérents de toutes disciplines et de tous pays, et des interrogations sur les aspects opérationnels de la mise en œuvre.

Bref aperçu sur le projet de conservation *in situ* des mil, sorgho, niébé et sésame

Éléments de justification

Importance des espèces ciblées

Le mil, le sorgho, le niébé et le sésame représentent les principales espèces cultivées en saison des pluies au Niger. Elles occupent à elles seules près de 95 % des superficies totales cultivées. Les surfaces consacrées aux cultures pluviales s'accroissent dans les mêmes proportions que la population, soit environ 3,5 % par an.

Le mil (*Pennisetum glaucum* (L.) R. Br.) est une culture des zones arides et semi-arides. En Afrique de l'Ouest et du Centre, il est surtout cultivé pour son grain qui est la principale source d'alimentation des populations les plus pauvres de la région, soit environ 50 millions de personnes. Contrairement aux autres céréales, le mil tolère des conditions de production particulièrement difficiles : sécheresse, pauvreté et acidité des sols. Ainsi, il est généralement admis que le mil continuera à jouer un rôle important dans cette partie du monde et ce d'autant plus qu'avec la pression démographique, ce sont les terres marginales des zones arides et semi-arides qui seront exploitées pour la production de céréales.

Le sorgho (*Sorghum bicolor*) est la seconde céréale vivrière du Niger ; et même la première dans les régions pluvieuses du sud du pays. Il constitue ainsi avec le mil les céréales de base au Niger et dans toute l'Afrique de l'Ouest et du Centre.

Le niébé (*Vigna unguiculata*) est l'une des principales légumineuses alimentaires mondiales. Il est cultivé dans toutes les zones tropicales d'Asie, d'Afrique et d'Amérique et dans le bassin méditerranéen. Le Niger est l'un des principaux pays producteurs d'Afrique de l'Ouest.

D'une grande valeur alimentaire et industrielle, le sésame (*Sesamum indicum*) est l'une des plus anciennes plantes oléagineuses. Le premier centre de diversification serait l'Afrique de l'Est où sa culture est connue depuis 1300 avant J.-C. avant d'être introduite en Afrique de l'Ouest. Le sésame aurait par la suite migré vers les Indes où s'est développé un second centre de diversification. Ainsi cette plante originaire d'Afrique est également cultivée en Asie et en Amérique latine.

D'une manière générale, au Niger et dans bien d'autres pays d'Afrique de l'Ouest et du Centre, le système de culture associatif est le plus pratiqué. Ainsi, pour le cas du Niger, le mil, le sorgho, le niébé, le sésame et bien d'autres espèces sont cultivées dans les mêmes aires agro-écologiques, sur la même exploitation et pratiquement en même temps. Aussi, toute stratégie de conservation des ressources phytogénétiques, notamment *in situ,* devrait-elle tenir compte du système de production dominant pour ces cultures.

Diversité génétique au Niger

Pour le mil, le sorgho, le niébé et dans une moindre mesure le sésame, le Niger est un centre important de diversification et de domestication dans lequel il existe une multitude d'écotypes locaux et de parents sauvages.

Le Niger avec d'autres pays sahéliens frontaliers est considéré comme le centre d'origine et de diversification du mil. Les écotypes locaux, grâce aux pressions de sélection naturelle et humaine ont accumulé de nombreux gènes de tolérance ou de résistance à différents stress climatiques ou biologiques. La présence de formes sauvages et la grande diversité observée au plan génétique ont conduit différents chercheurs à considérer le Niger comme un centre important de diversité du mil. Les chercheurs de l'INRAN distinguent 7 grands ensembles variétaux : Zongo, Haïnikiré, Guergera, Maîwa ou Somno, Baangouré, Ankoutess, Moro ou Boudouma. Ces ensembles sont cultivés dans des zones spécifiques et il existe dans les zones tampons des formes intermédiaires. Chaque groupe variétal se distingue des autres par des caractéristiques propres et recèle en son sein une très grande variabilité génétique que les paysans ont su maintenir. De nombreux échantillons prélevés dans ces populations sont conservés à l'INRAN et à l'ICRISAT.

Le mil sauvage, *P. violaceum*, se rencontre presque exclusivement sur alluvions ou colluvions sableuses bénéficiant d'un bilan hydrique favorable, dans le Manga et l'Irhazer. Ce mil sauvage a des épis longs de 4 à 7 cm. En zone agricole, on rencontre dans les champs de culture et les jachères des dérivées de formes sauvages appelées localement Shibra ou Soun vivant en sympatrie avec les formes cultivées. Bien qu'elles puissent être des sources de gènes de résistance à des stress divers, les Shibra ont été peu utilisées par les sélectionneurs.

Pour le sorgho (*Sorghum bicolor*), l'INRAN dispose aujourd'hui de près de 410 accessions d'écotypes locaux. Les observations faites sur ces variétés ont permis de retrouver les 5 races de la classification de Harlan et des formes intermédiaires : *Shatercan, Guinea, Caudatum, Durra* et *Bicolor*. Les variétés *Caudatum* et *Durra* se rencontrent un peu partout dans le pays, *Shatercan* dans la vallée du fleuve, *Guinea* dans les zones humides de Gaya et Makalondi. Deux formes sauvages se rencontrent fréquemment au Niger : les races *aethiopicum* et *verticilliflorum*. La première est rare et menacée par le surpâturage, elle est présente actuellement aux alentours de N'gourti, dans des dépressions interdunaires profondes, sur un sol sableux induré légèrement enrichi en limon en profondeur. La seconde se rencontre dans la zone agricole où elle est menacée par l'extension des cultures.

Pour le niébé (*Vigna unguiculata*), il existe de fortes présomptions pour qu'une diversification ait eu lieu en Afrique de l'Ouest, notamment au Nigeria et sans aucun doute dans une partie du Niger. Des études menées à l'INRAN ont mis en évidence une certaine variabilité génétique qui se reflète autant sur les caractéristiques morphologiques et physiologiques que sur la réponse à différents stress. C'est surtout dans la partie Sud des départements de Zinder, Tahoua et Maradi que cette variabilité est importante. Bien que cette variabilité ne soit pas aussi forte que celle que l'on trouve au Nigeria, l'intérêt du germplasme local n'est pas à démontrer. Il existe des formes sauvages telles que *Vigna vexillata* et des formes spontanées issues de croisements sauvage x cultivé (Kwama) apparaissant dans les cultures qui n'ont pas fait l'objet de collecte systématique. Il faut cependant souligner que Boudet en 1968 a collecté non loin de Gaya quelques échantillons de *V. vexillata* conservés au Museum National d'Histoire Naturelle de Paris. Il est aussi possible que d'autres specimens (*V. ambacensis*, *V. racemosa*, *V. reticulata*, *V. vexillata*) fassent partie de la collection de base de *Phaseolinae* de l'IPGRI.

Le sésame (*Sesamum indicum*) a également fait l'objet d'une petite collecte, lorsqu'il s'est agi de trouver un oléagineux autre que l'arachide. L'INRAN dispose de 95 échantillons collectés essentiellement au centre et à l'ouest du pays. Celle collection qui est actuellement conservée dans les stations de recherche de l'INRAN, à Kollo et Maradi, est probablement loin de refléter toute la diversité génétique du sésame dont la culture est largement répandue dans les différents agro-systèmes du pays. Des études préliminaires montrent une importante variabilité morphologique et agronomique dans la collection déjà constituée. Des formes sauvages apparentées (*Sesamum alatum*) dont la distribution géographique et l'aire de diversité génétique au Niger restent encore à appréhender sont également signalées. Il semblerait, toutefois, que cette espèce à capsule déhiscente et peu résistante à la sécheresse soit peu fréquente au Niger. Elle se rencontre par pieds isolés sur sols sableux.

Les principales menaces sur les ressources biologiques

Deux problèmes majeurs pèsent actuellement sur les ressources génétiques des mil, sorgho, niébé et sésame : i) la perte progressive de la diversité génétique et ii) la faible valorisation de la variabilité existante.

La perte progressive de la variabilité génétique s'explique par :

– la disparition des variétés à cycle long dont les causes sont :

• les stratégies adaptatives adoptées par les producteurs devant les sécheresses enregistrées souvent en fin de cycle végétal, les descentes précoces des animaux transhumants de la zone pastorale vers la zone agricole, les besoins alimentaires pressants aggravés par l'état d'insécurité alimentaire structurelle dans certaines parties du pays, etc. ;

• les objectifs de sélection des institutions de recherche qui ont davantage mis l'accent sur les variétés à cycle court en réponse aux sollicitations des producteurs ;

• les insuffisances dans les systèmes de conservation de la diversité génétique dues à la non prise en compte des connaissances et pratiques locales de sélection, à l'absence de stratégie et programme de conservation *in situ* des ressources phytogénétiques, à l'absence de coordination et de synergie entre les différentes institutions concernées ;

– la disparition progressive des espèces sauvages apparentées aux plantes cultivées engendrée par :

• la réduction des espaces de végétation naturelle à relier à la progression du front agricole dans tous les écosystèmes naturels et de leur dégradation suite au surpâturage et à l'érosion hydrique et éolienne ;

• la faible prise en compte des espèces sauvages apparentées dans les programmes de sélection et de conservation au plan national, du fait entre autres de la méconnaissance de la variabilité de ces espèces et des faiblesses institutionnelles constatées dans le système national de recherche agronomique.

Les ressources génétiques des plantes concernées et des espèces sauvages apparentées ne semblent pas avoir été suffisamment valorisées tant dans les programmes de sélection qu'au niveau des producteurs du fait essentiellement :

– de la faible connaissance qu'on a actuellement de la valeur génétique des cultivars locaux et des espèces sauvages apparentées, les collectes n'étant pas encore complètes et les échantillons collectés n'ayant pas été suffisamment caractérisés ;

– des faiblesses du système de production de semences qui ne favorise pas le transfert de technologie et la responsabilisation des organisations à la base et des organismes privés dans la production de semences.

Ainsi, la situation de précarité dans laquelle se trouvent aujourd'hui les ressources génétiques des plantes cultivées au Niger est aggravée par :
– les modifications climatiques intervenues ces 30 dernières années ;
– les changements dans les systèmes de production du fait de la réduction de la durée de la saison des pluies, de la concurrence entre l'homme et le bétail sur les ressources naturelles, de la baisse de la fertilité des sols et des besoins spécifiques du marché ;
– la pression croissante sur les ressources naturelles des zones de culture ;
– l'absence de politique cohérente, de stratégies et de mesures appropriées s'inscrivant dans le long terme en matière de conservation des espèces locales et d'échange de matériel génétique ;
– la faiblesse des ressources matérielles techniques et humaines et des infrastructures destinées à la conservation *ex situ* au niveau du système national de recherche agronomique et pouvant assurer un relais efficace pour les institutions internationales de recherche agronomique ;
– la faible implication des populations dans la conservation et la valorisation des ressources génétiques locales et plus particulièrement la non-prise en compte de leurs connaissances et savoir-faire en matière de conservation *in situ* des cultivars locaux.

Conséquences de la perte de diversité génétique des espèces cultivées

Les conséquences de la perte de variabilité génétique des espèces cultivées sont importantes pour les populations pauvres du Niger et du Sahel et d'une manière générale pour toutes les zones arides et semi-arides. En effet, la disparition de certains écotypes locaux de mil, sorgho, niébé et sésame au Niger privera les chercheurs des institutions internationales et nationales de recherche d'un matériel génétique dont l'adaptation aux conditions extrêmes de culture n'est plus à démontrer. Il est à rappeler que le Niger reste l'une des aires de domestication et/ou de diversification les plus importantes pour le mil et le niébé.

Si rien n'est entrepris, la perte des cultivars locaux de mil, sorgho, niébé et sésame sera irréversible. Cette perte pourrait renforcer la situation d'insécurité alimentaire des populations pauvres des zones arides et semi-arides, en particulier celles d'Afrique de l'Ouest et du Centre. C'est pour pallier à ces insuffisances et inadéquations que l'UICN en relation avec l'INRAN, l'Université AM, l'ICRISAT, l'IRD et l'ONVPE se propose d'initier le présent projet.

Objectifs du programme

Objectifs généraux

Il s'agit, à travers le Programme « Conservation et utilisation durable des ressources génétiques des mil, sorgho, niébé et sésame menacées de disparition » de contribuer à circonscrire la perte progressive de la diversité génétique des principales espèces cultivées du Niger tout en favorisant leur utilisation durable par les populations locales et celles des zones arides et semi-arides.

Pour les 4 prochaines années, l'objectif général ainsi énoncé est :
« Les ressources génétiques locales de mil, sorgho, niébé et sésame sont conservées de manière durable et participative au bénéfice des populations du Niger et de celles des zones tropicales arides et semi-arides »

Le programme est prévu pour être exécuté en deux phases ayant chacune un objectif de développement libellé comme suit :

– Phase 1 (Fonds de Préparation du Projet - Phase A - PDFA) : *Un programme conjoint de développement de systèmes communautaires de conservation et de gestion durable des ressources génétiques des mil, sorgho, niébé et sésame est élaboré (un an).*

– Phase 2 (Projet de taille moyenne) : *Les systèmes communautaires de conservation et de gestion durables des ressources génétiques des mil, sorgho, niébé et sésame définis de manière participative sont expérimentés (3-5ans).*

Le projet sera élaboré et mis en œuvre de manière participative avec les organisations rurales, les institutions de recherche nationales et internationales et les structures d'encadrement des populations publiques ou privées.

Objectifs spécifiques de la phase 2 du programme

Rappelons l'objectif général de la Phase 2 :
« *Les systèmes communautaires de conservation et de gestion durables des ressources génétiques des mil, sorgho, niébé et sésame définis de manière participative sont expérimentés* ».

Les Objectifs Spécifiques de cette phase sont :

OS1 : les connaissances sur la variabilité génétique des espèces cultivées et de leurs parents sauvages sont améliorées et valorisées ;

OS2 : des expérimentations, à base communautaire, de conservation *in situ* des principaux cultivars et des espèces sauvages apparentées de mil, sorgho, niébé et sésame sont menées ;

OS3 : un système d'information sur les ressources génétiques est mis en place.

Les résultats attendus de la phase 2 du programme sont les suivants :

OS1 : les connaissances sur la variabilité génétique des espèces cultivées et de leurs parents sauvages sont améliorées et valorisées ;

R1 : une prospection et une collecte complémentaires sont organisées pour les espèces sauvages apparentées de mil, sorgho, niébé et sésame ;

R2 : des cultivars locaux et leurs parents sauvages en cours de description sont durablement conservés *ex situ ;*

R3 : les flux de gènes et l'origine des formes adventices de mil et niébé sont mieux appréhendés ;

R4 : les caractéristiques biologiques et agronomiques des écotypes de mil, sorgho, niébé et sésame sont décrites ;

R5 : les semences des meilleurs cultivars sont produites par les organisations à la base et les organismes privés de production de semences ;

OS2 : des expérimentations, à base communautaire de conservation *in situ* des principaux cultivars et des espèces sauvages de mil, sorgho, niébé et sésame sont menées ;

R1 : les pratiques locales de sélection conservatrice au Niger et au Sahel des espèces de mil, sorgho, sésame et niébé sont répertoriées ;

R2 : les causes et les risques de modification de la variabilité génétique des espèces cultivées sont identifiées en relation avec les paysans ;

R3 : les agrosystèmes et les sites potentiels d'intervention identifiés sont caractérisés ;

R4 : une stratégie et un plan de conservation *in situ* avec les communautés sont élaborés ;

R5 : des parcelles expérimentales de conservation *in situ* de mil, sorgho, niébé et sésame sont mises en place ;

R6 : une stratégie de déploiement des variétés améliorées ou exotiques permettant de préserver la variabilité génétique des espèces au niveau des sites retenus est élaborée.

OS3 : un système d'information sur les ressources génétiques est mis en place ;

R1 : un réseau opérationnel de conservation et d'utilisation durable des RPG est mis en place ;

R2 : un système d'information sur les ressources génétiques relié à des réseaux internationaux est mis en place ;

R3 : les communautés locales et autres acteurs sont sensibilisés à la conservation des ressources génétiques de mil, sorgho, niébé et sésame et de leurs parents sauvages.

Objectif et activités de la phase préparatoire

L'objectif opérationnel du PDFA est le suivant :

« *Un programme conjoint de développement de systèmes communautaires de conservation et de gestion durable des ressources génétiques des mil, sorgho, niébé et sésame est élaboré* ».

Pour atteindre cet objectif, un certain nombre d'activités a été prévu pour les 10 mois du PDFA :

– repérer les aires de distribution des espèces sauvages apparentées aux espèces cultivées et identifier des sites appropriés pour la conservation *in situ* ;

– déterminer les méthodes appropriées de conservation, utilisation durable et distribution des RPG au Niger ;

– identifier tous les partenaires concernés du projet ;

– organiser un atelier pour fixer le cadre logique d'intervention du projet (25 participants maximum) ;

– organiser une concertation avec les bailleurs de fonds ;

– rédiger le document de synthèse de la proposition à soumettre au FEM.

Les principaux résultats attendus de la Phase 1 (PDFA) du programme sont :

R1 : les partenaires concernés par les systèmes communautaires de conservation des RPG créent un réseau fonctionnel d'informations et d'échanges ;
R2 : les partenaires concernés adoptent un programme conjoint de développement des systèmes communautaires de conservation et gestion des RPG ;
R3 : les sites potentiels d'intervention du programme sont identifiés de manière participative ;
R4 : une requête de financement de la Phase 1 du programme est rédigée et soumise au FEM ;
R5 : les bailleurs de fonds potentiels sont informés sur le Programme et la requête au FEM ;

Ces résultats permettront d'avoir les produits suivants :
– les sites critiques du Niger pour la conservation et l'utilisation durable des ressources génétiques des espèces concernées et de leurs parents sauvages sont identifiés ;
– les communautés villageoises et tous les partenaires concernés devant être impliqués dans le projet à formuler par le PDFA sont déterminés ;
– les éléments clefs (méthodes traditionnelles et modernes) pour la conservation (banques génétiques *ex situ* et germoplasmes *in situ*) et l'utilisation durable des ressources phytogénétiques au Niger sont déterminés par consensus ;
– un cadre logique du projet est préparé ;
– la requête (brief) à soumettre au FEM est rédigée, y compris la formulation des options stratégiques d'intervention du projet, l'analyse des surcoûts ;
– les sources de cofinancement du projet (bailleurs de fonds et ressources nationales) sont identifiées tout en assurant la façon dont l'après-projet sera durablement soutenu ; surtout les banques génétiques et les germoplasmes *in situ* sont identifiés et compris dans le montage financier du projet.

Le PDFA est prévu pour être exécuté en 10 mois selon le calendrier indiqué dans le programme de la première phase.

Problèmes pratiques posés a priori par la conservation *in situ*

Au Niger, la conservation formelle « consciente et active » des ressources phytogénétiques relève le plus souvent du système national de recherche agronomique et des services chargés des questions environnementales. Le mode privilégié de conservation a toujours été la conservation *ex situ*. Celle-ci a surtout été organisée au sein du Système National de Recherche Agronomique (SNRA) et dans une moindre mesure des services du ministère de l'environnement. Les institutions et organismes concernés sont : i) la Faculté d'Agronomie de l'Université AM de Niamey, ii) L'INRAN, à travers son Unité des RPG, ses sélectionneurs des plantes cultivées, iii) les institutions internationales de recherche (CIRAD, IRD, ...). Dans la conservation *ex situ,* les communautés sont peu ou pas du tout impliquées.

La conservation *in situ* formelle « consciente et active » a surtout concerné les écosystèmes et certaines espèces ligneuses qui ont bénéficié des mesures conservatoires édictées par diverses lois environnementales. Par contre, les ressources phytogénétiques n'ont jamais fait l'objet, à proprement parler, de conservation *in situ*. Elles ont plutôt bénéficié des mesures conservatoires des écosystèmes et des espèces des services de protection de l'environnement, des projets d'aménagement forestier, des projets de gestion intégrée des ressources naturelles et des pratiques paysannes de gestion des espèces et des variétés cultivées.

Autrement dit, au Niger, il n'existe pas d'expérience en tant que telle de la conservation participative de la diversité génétique agricole, contrairement à ce qui peut être observé pour la conservation des écosystèmes et des espèces pérennes. L'une des expériences les plus importantes et les plus intéressantes à citer est sans doute la conservation du rônier (*Borassus aethiopum*) et de la rôneraie menée dans la région de Gaya par l'UICN avec la participation des populations et des services de l'environnement et le financement de la coopération suisse. La stratégie en matière de conservation a été basée sous la double approche de l'implication et de la responsabilisation des populations locales et de l'observance de l'équité dans la distribution des ressources générées par l'exploitation des différents produits de l'espèce et de l'espace, d'une part, et l'application stricte de différentes lois forestières, d'autre part.

Malheureusement, il existe de nombreux écueils qui font que l'expérience tirée de la conservation du rônier et de la gestion de la rôneraie est difficilement transposable sur des espèces annuelles et sur des systèmes d'exploitation strictement agricoles. C'est pour cela que nous avons tenu à partager avec les participants à l'atelier nos interrogations quant à la pertinence et la faisabilité de la conservation *in situ* participative (ou communautaire) des espèces ciblées. Il s'agit en fait, pour nous, de résoudre une équation à plusieurs inconnues.

Quel espace considérer ?

La première inconnue à résoudre est celle du choix de l'espace minimum dans lequel la conservation participative *in situ* peut se faire. La suggestion est d'utiliser un système de différenciation des agrosystèmes basée sur la diversité génétique plutôt que celle définie par la FAO, qui est essentiellement basée sur les conditions climatiques, édaphiques et paysagères.

Ainsi, au plan pratique, pour le Niger, en se basant sur les grands groupes variétaux de populations de mil comme une base de différenciation, on pourrait avoir 7 systèmes agraires principaux : le Zongo, Haïnikiré, Guergera, Maîwa ou Somno, Baangouré, Ankoutess, Moro ou Boudouma. A partir de ces 7 systèmes agraires qui couvrent 95 %, il faudrait introduire des sous-différenciations qui permettraient de cerner l'ensemble de la diversité des autres espèces associées au mil, en particulier le niébé qui présente une diversité intéressante. Si pour les parties Est (Département de Diffa), Ouest (Département de Tillabery) et Nord (département d'Agadez et Nord-Tahoua, Maradi et Zinder) où la diversité génétique est faible pour le niébé, le problème semble simple, il se complique pour tous les agrosystèmes du Sud où le nombre d'écotypes est relativement important.

De ce fait, si l'on veut mettre en place un système de conservation des ressources phytogénétiques des agrosystèmes à base de mil, quel espace doit-on prendre en compte pour ne pas laisser en chemin un pan important de la diversité ? Et, conséquemment, compte tenu du fait que nous ne pouvons pas intervenir partout, même à l'intérieur d'un agrosystème donné, quel échantillon d'espace devrons-nous considérer pour conserver durablement et sans altération la diversité existante ?

La question devient plus ardue si l'on doit tenir compte de la dimension humaine et des dynamiques de la diversité génétique.

Quelle diversité cibler ?

La convention sur la biodiversité insiste sur la nécessité de tenir compte de la dimension humaine de la conservation et d'intégrer dans la diversité agricole, les savoirs et savoir-faire locaux. Si pour les espèces pérennes, la réponse est donnée à travers l'approche écosystémique et l'approche gestion des terroirs basée sur une responsabilité collective de l'ensemble des populations d'un terroir villageois ou d'un territoire cantonal, cette réponse ne semble pas évidente pour les espèces annuelles.

Cependant, pour ne pas nous compliquer la tâche dans notre échantillonnage de l'espace d'expérimentation, il paraît plus judicieux de considérer que, après 40 ans de cohabitation libre entre les peuples, notre processus d'uniformisation culturelle est suffisamment avancé pour que les différences de pratiques paysannes soient peu significatives. Reste simplement à cerner i) le nombre de paysans à considérer dans l'espace échantillon qui permet d'avoir une situation représentative au plan de la diversité génétique et de la diversité culturelle et ii) la diversité à conserver.

On peut raisonnablement penser que les études et enquêtes des spécialistes en sciences humaines et en génétique engendreront des réponses appropriées quant au nombre de paysans à impliquer dans la conservation. Par contre, le choix de la diversité à conserver pose problème, du moins au plan pratique.

De toute évidence il faut non seulement avoir une approche agrosystémique, mais également prendre en compte la diversité agricole avec 6 dimensions : l'espace, l'espèce, la variété, le gène, la culture et le temps. Or, dans un système de conservation *in situ* des espèces annuelles, ce qui pose a priori un problème, c'est le rapport entre le temps et les 5 autres dimensions. En effet, il est difficile de soutenir que nous avons le même espace agricole, les mêmes espèces et les mêmes variétés cultivées avec le même potentiel génique et les mêmes savoirs et savoir-faire traditionnels qu'il y a 40 ans et qu'il en sera de même dans 20 ans ou 40 ans.

A ce niveau, il est à rappeler que les changements de la diversité génétique ont été observés à travers la comparaison des prospections effectuées par i) l'IRAT en 1960 et l'INRAN en 1980 sur le niébé et, ii) ORSTOM (IRD) en 1975 et une équipe ORSTOM-ICRISAT en 1990 sur le mil. Les changements dans l'utilisation des cultivars locaux sont attribuables à diverses causes d'origine climatique ou anthropique. Au cours de ces trente dernières années, il a été enregistré une réduction de la saison pluvieuse et des sécheresses successives, ce qui s'est traduit au niveau des producteurs par des changements de comportement tant du point de vue des systèmes d'exploitation que de l'utilisation des ressources génétiques. Par ailleurs, la recherche de variétés mieux adaptées aux nouvelles conditions climatiques et économiques a amené les populations rurales à abandonner bon nombre d'espèces et de variétés de terroir. Ainsi, les variétés à cycle long ont été remplacées par des variétés précoces, notamment pour le niébé, le mil et le sorgho. Cette substitution pourrait avoir été faite par des introductions nouvelles ou par une sélection massale au sein de la population de départ des formes les plus précoces. Il a été noté aussi la diminution voire la disparition d'espèces cultivées secondaires comme le sésame dans certaines zones de cultures. Le degré d'érosion génétique chez les espèces cultivées comme le mil fait l'objet d'une attention particulière au niveau de certaines institutions de recherche comme l'IRD.

Les changements, la réduction voire la perte observée dans la variabilité génétique des espèces cultivées sont probablement accélérés par les modifications intervenues dans les systèmes de production et d'exploitation. En effet, les agriculteurs ont cherché à s'adapter à la baisse de la fertilité des sols, à la recrudescence des attaques parasitaires, aux besoins croissants d'une population connaissant une forte poussée démographique, à la pression des animaux sur les champs de culture suite au développement de l'élevage et à la réduction des espaces pastoraux dans la zone agricole, aux besoins spécifiques du marché et à l'accroissement de la pauvreté des populations nigériennes. Cette pauvreté et l'insécurité alimentaire qui prévaut ont conduit le paysan à acheter ses semences au marché ou dans les régions voisines ou même les pays frontaliers sans tenir compte du type de variété. Cela s'est traduit par l'introduction de nouvelles variétés et l'abandon des écotypes locaux. L'exemple le plus concret est probablement celui du niébé avec le délaissement des types photosensibles au profit de types à cycle intermédiaire provenant de la recherche, d'autres terroirs ou même simplement puisés dans les populations multivariétales que le paysan utilise. Ce type de modification est certainement valable pour le sorgho et le mil.

De ce fait, au plan stratégique et pratique, nous avons un choix cornélien à faire entre faire abstraction du temps ou non. Dans le premier cas, nous nous replaçons dans les mêmes conditions artificielles que la conservation *ex situ,* avec tout de même une pression de sélection due aux seules conditions naturelles (climatiques, édaphiques et biotiques). Dans ce cas de figure, nous devrons considérer comme peu influente la dimension culturelle et imposer aux paysans conservateurs un mode d'exploitation qui devrait favoriser le maintien aussi longtemps que possible de la diversité génétique, tout en lui garantissant sa propre sécurité alimentaire et le renouvellement des semences, en cas de rupture.

Dans le cas où nous intégrons le temps comme une dimension essentielle dans la conservation participative de la diversité génétique, nous devrons nous attendre à disposer à moyen ou long terme de variétés qui n'ont plus rien de commun avec les écotypes locaux initiaux. En effet, l'expérience montre que le paysan modifie son comportement de « sélectionneur » face aux contraintes climatiques et biotiques et aux besoins du marché et plus généralement à l'obsolescence de la variété (ou de l'espèce dans un contexte de système agraire évoluant selon le marché). Cependant, si l'on prend en compte cette dimension culturelle dans sa dynamique évolutive, l'on est en droit de se demander quelle diversité génique nous conservons.

Ainsi, l'introduction de la dimension temporelle pose deux problèmes : i) le choix entre une approche active « conservatrice » et une approche passive « ethnologique ou anthropologique » dans la conservation *in situ* des plantes annuelles cultivées et ii) les engagements dans la durée des expérimentateurs vis-à-vis des paysans conservateurs.

Quels engagements, pour quels risques et quelle durée ?

De ce qui précède, il peut être retenu que l'approche participative dans la conservation *in situ* des espèces ciblées présente des risques autant pour l'expérimentateur que pour le paysan conservateur. Ces risques sont d'autant plus importants et fréquents que la démarche s'inscrit dans une durée plus ou moins longue comme cela devrait être en principe le cas. En effet, si nous souhaitons avoir un système de conservation *in situ* aussi efficace que celui de la conservation *ex situ*, nous devrons nous fixer un horizon temporel suffisamment important (15-25 ans). Ce qui pose le problème des engagements à prendre par les parties pour minimiser les risques de perte de variabilité génétique d'une part et d'insécurité alimentaire et de baisse de revenu liée à l'expérimentation d'autre part. Malheureusement, les engagements que l'on peut prendre sont étroitement liées aux ressources dont on dispose et à leur durée.

Conclusion

Au cours du présent atelier, nous pensons pouvoir trouver quelques réponses à ces interrogations pratiques et peut-être, pourquoi pas, permettre à l'UICN et l'ONVPE de s'insérer dans un réseau plus vaste de conservation *in situ* des plantes annuelles cultivées d'Afrique sahélienne.

Bibliographie

ANDREWS, D. J., KUMAR K. A., 1996 – Use of the West African pearl millet landrace *Iniadi* in cultivar development. *International Plan Genetic Resources Newsletter*, 105 : 15-22.

BEZANÇON G., RENNO J. F., KUMAR K. A., 1997 – « Le Mil ». *In* : Charrier A., Jacquot M., Hamon S., Nicolas D. (ed.) : *L'amélioration des plantes tropicales*, CIRAD/ORSTOM, collection Repères : 457-482.

FAO, 1997 – *The conservation and sustainable utilization of plant genetic resources for food and agriculture. The global*

Plan of Action. Food and Agriculture Organization for the United Nations, FAO, Rome, Italy.

KUMAR K. A., APPA RAO S, 1986 – « Diversity and utilization of pearl millet germplasm ». *In : Proccedings of the international pearl millet workshop*, Pantacheru, Icrisat Center, 7-11 avril : 69-82.

MAGAH I. M., 1984 – Mission de collecte de *Vigna* au Niger. *Plant Genetic Res. Newsletter*, 57.

MAHAMADOU I., MAMAN S., ATTAOU L., MAGHA I. M., 1995 – *Etat des Ressources Phytogénétiques au Niger*. Rapport préparé dans le cadre de la Conférence Internationale et Programme sur les Ressources Phytogénétiques, INRAN.

Niger, 1992 — *Principes directeurs d'une politique de développement rural pour le Niger.*

Niger, 1993 — *Programme National de Gestion des Ressources Naturelles.* Rapport n° 52/93 CP/NER 29 (3 Vol.).

PASQUET R. S., BAUDOIN J. P., 1997 – « Le Niébé ». *In* : Charrier A., Jacquot M., Hamon S., Nicolas D. (ed.) : *L'amélioration des plantes tropicales*, CIRAD/ORSTOM, collection Repères : 483-505.

REDDY K. C., VAN DER PLOEG J., MAGAH I.M., 1990 — Les génotypes appropriés du mil et du niébé pour la culture associée au Niger. *La revue de la Recherche Agronomique de l'INRAN*, 2 : 16-25.

SIVAKUMAR M. V. K., MAIDOUKIA A., STERN R. D., 1993 – *Agroclimatology of West Africa. Information Bulletin n°5*, ICRISAT and Direction de la météorologie nationale, Niger.

Préservation de l'agrobiodiversité du sorgho *in situ* au Mali et au Burkina Faso par l'amélioration participative des cultivars locaux

K. vom Brocke
Généticienne

M. Vaksmann
Agronome

G. Trouche
Généticien

D. Bazile
Agronome

Introduction

L'importance du sorgho au Burkina Faso et au Mali

Le sorgho (*Sorghum bicolor* (L) Moench) est la principale céréale cultivée au Burkina Faso et la deuxième au Mali avec une production annuelle d'environ 1,2 million t pour le Burkina Faso et environ 0,8 million t pour le Mali. Au Burkina Faso la superficie totale est estimée à 1,3-1,4 million ha (54 % des surfaces céréalières[1]) et au Mali à 0,8-0,9 million ha (43 % des surfaces céréalières) (FAO, 1996). Le sorgho constitue avec le mil la base de la diète alimentaire des populations rurales. Il est dominant dans les zones à pluviométrie annuelle comprise entre 600 et 900 mm.

[1] Plan d'action sur les céréales (mil, sorgho, maïs). Document final. Avril 2001, Ministère de l'Agriculture. Cellule de coordination du P.A.S.A., 105 p. et appendices techniques.

Le Burkina Faso et le Mali sont considérés comme des centres secondaires de diversité des sorghos cultivés (Chantereau *et al.*, 1997). Les variétés locales qui y sont cultivées sont adaptées aux multiples conditions écologiques et aux divers objectifs de production des agriculteurs. Au cours des trente dernières années, la production de sorgho a presque doublé mais l'augmentation de la production est surtout liée à l'augmentation des superficies (Hanak-Freud, 2000). Malgré ses capacités d'adaptation et l'augmentation régulière de la production, la culture du sorgho présente toujours un faible niveau de productivité, avec un rendement national au Burkina Faso et au Mali de moins de une tonne par ha (FAO, 1996). De plus le sorgho subit une érosion génétique marquée (Kouressy, 2002).

Agrobiodiversité du sorgho

Indicateurs du sorgho

L'Afrique de l'Ouest est considérée comme un centre de diversification secondaire des sorghos cultivés (Chantereau *et al.,* 1997). Les principaux indicateurs de la biodiversité des sorghos cultivés au Mali et au Burkina Faso sont :

– la diversité raciale : quatre des cinq races de sorghos cultivés sont présentes dans les deux pays, parmi lesquelles la race *guinea* est dominante. Au Burkina Faso, 93 % des variétés locales sont de race *guinea*, 4 % *caudatum*, 2 % *bicolor* et 1 % *durra* (Zongo, 1991). Au Mali, 70 % des variétés locales sont des *guinea*, 16 % *durra*, 1 % *caudatum*, et 13 % des types intermédiaires ;

– la diversité agro-morphologique : différents auteurs ont observé une diversité phénotypique très grande : des hauteurs de plante comprises entre 1,2 m et 5 m, une compacité de panicule de très lâche à très compacte, un poids de 1 000 grains compris entre 14 et 46 g et une grande variabilité de la couleur et de la vitrosité des grains (Zongo, 1991 ; Thiombiano, 1983 ; Scheuring *et al.* 1980) ;

– la diversité des durées de cycle et de sensibilité à la photopériode, qui confère aux variétés traditionnelles de sorgho une remarquable adaptation aux milieux et au climat sahéliens. Les sorghos ont tendance à fleurir plus rapidement vers la fin de la saison de pluies, lorsque la longueur du jour diminue (VAKSMANN *et al.*, 1996). La possibilité de semer dès l'installation de la saison des pluies et la synchronisation entre durée du cycle et limites de la saison des pluies confèrent des qualités de rusticité à l'écosystème : une minimisation des coûts d'exploitation (meilleure maîtrise de l'enherbement), une meilleure valorisation par la culture de la minéralisation de la matière organique, une optimisation des ressources pluviométriques et une protection des sols contre le ruissellement en début de saison des pluies (REYNIERS, 2001) ;

– la diversité variétale gérée par les agriculteurs, qui permet de minimiser les risques et de répondre à des contraintes et utilisations variées (TROUCHE *et al.* 1998). La forte diversité génétique des variétés locales est le résultat des pratiques de gestion paysanne des semences (sélection, échanges et introductions de variétés, modes de multiplication des semences etc.) et d'une allogamie relative élevée, entre 3 et 31 % (OLLITRAULT *et al.*, 1997). La diversité génétique des variétés traditionnelles de l'Afrique de l'Ouest a été analysée par ZONGO (1991), OLLITRAULT *et al.* (1997) et MORDEN *et al.* (1989).

L'évolution de la biodiversité des sorghos au Mali et au Burkina Faso

Une diminution préoccupante de la biodiversité des sorghos a été constatée dans certaines régions de ces deux pays. Les causes possibles de cette perte de biodiversité sont la grande variabilité inter annuelle des pluies, la réduction de la durée des pluies, la dégradation des sols, la pression de certains ravageurs (cécidomyie, striga etc.), la compétition avec d'autres cultures, notamment le maïs, et les exigences du marché (bière de sorgho). La concurrence du maïs est une raison clairement identifiée pour la zone sud du Mali.

L'augmentation de la productivité du sorgho pour satisfaire des besoins alimentaires croissants

Pour satisfaire les besoins alimentaires de sa population, l'Afrique de l'Ouest devra, en 2020, avoir multiplié par trois le rendement de ses cultures par rapport à 1985 (FAO, 1998). Jusqu'à présent l'augmentation de la production céréalière au Mali et au Burkina Faso résultait surtout de l'extension des surfaces cultivées. La saturation progressive de l'espace rural rendra nécessaire l'intensification des pratiques agricoles. Dans ce contexte, les mils et sorghos doivent devenir des alternatives rentables pour des systèmes de culture en voie d'intensification.

Objectif général du projet

L'objectif général du projet est de concilier le maintien de la biodiversité du sorgho et l'accroissement de la productivité de sa culture par une valorisation participative de son agrobiodiversité.

Face à ce double enjeu, le projet propose d'inverser les trois paradigmes suivants : l'utilisation des variétés traditionnelles et l'augmentation de la productivité ; la création de variétés améliorées et le maintien de la diversité génétique ; l'intensification et la diversité des agro-écosystèmes.

La stratégie sera donc la sélection participative et décentralisée qui doit permettre de générer une gamme variée de nouvelles variétés répondant à la diversité des situations agricoles et des différents besoins des producteurs. La démarche participative s'appuie sur une intégration de trois disciplines de la recherche, qui sont la génétique, l'agro-écologie et les sciences sociales et sur la mise en commun des savoirs paysans avec ceux des chercheurs.

Le montage institutionnel

Le projet couvrira trois zones par pays choisies en fonction de la diversité des problématiques et conditions de production et de la présence d'organisations paysannes (OP) et ONG locales motivées par les objectifs du projet. Le montage institutionnel du projet a été largement participatif et les représentants des organisations paysannes seront majoritaires dans les instances de décisions et d'exécution. Le projet est une collaboration entre des instituts de recherche nationaux et internationaux : le CIRAD, l'ICRISAT, l'INERA au Burkina Faso et l'IER au Mali. Le dispositif de suivi et d'exécution du projet comprend cinq composantes principales : un comité de pilotage inter-pays, un comité national de coordination, des comités régionaux de concertation, un coordonnateur national et des équipes pluridisciplinaires de chercheurs (sélectionneurs et généticiens des populations, agro-écologues, agronomes et socio-économistes). Les différents comités comprendront des membres des OP, des ONG, des organisations de développement, des chercheurs, des conseillers et le coordinateur national. Ils se réuniront une à deux fois par an pour évaluer les activités réalisées, adopter le programme d'activités pour l'année à venir et veiller à la bonne utilisation des fonds.

Le projet est financé par le Fonds Français pour l'Environnement Mondial (FFEM) pour une première phase de quatre ans.

Les activités programmées

Sept activités sont proposées pour le projet :

– Atelier national de lancement pour démarrer le projet, valider les zones couvertes par le projet, valider les partenaires institutionnels de chaque zone, valider le programme général d'activités et désigner les représentants aux différentes instances.

– Le diagnostic participatif pour permettre d'identifier et de comprendre les stratégies et les pratiques paysannes de production et de gestion de la diversité génétique, identifier les variétés et les caractéristiques qui sont importantes pour les agriculteurs, identifier et documenter l'érosion génétique, préciser les objectifs de la sélection. Les méthodes proposées sont celles du Participatory Research Appraisal (PRA) (SCHÖNHUTH et KIEVELITZ, 1994).

– La caractérisation des diversités génétique et spatiale des écotypes : permettre de quantifier l'érosion génétique et identifier les stratégies paysannes qui contribuent le plus à la diversification. On caractérisera et comparera des variétés locales issues des collections *ex situ* et de la collecte réalisée lors du diagnostic. La caractérisation sera réalisée en station pour les caractères agro-morphologiques et au laboratoire en utilisant des marqueurs moléculaires microsatellites.

– Création des populations à base génétique large et leur amélioration. La biodiversité du sorgho sera maintenue via la création des populations à base génétique large. Les écotypes locaux rares et préférés par les agriculteurs, les écotypes des collections *ex situ* et des variétés sélectionnées seront utilisées dans les croisements pour constituer la population de base, qui sera améliorée par la sélection récurrente.

– Création et évaluation variétale décentralisée et participative avec les agriculteurs sélectionneurs mandatés par les OP. Les méthodes de sélection proposées sont la sélection récurrente et le développement de lignées améliorées et adaptées par la sélection généalogique. La sélection participative sera réalisée en utilisant la méthode de « Participatory Research Appraisal » (PRA) et des Ateliers d'échanges et de concertation avec des partenaires, chercheurs et agriculteurs.

– Renforcement des systèmes locaux de production de semences à partir des pratiques et systèmes locaux de production et diffusion des semences. Au Burkina Faso, il y a déjà des agriculteurs ayant de l'expérience dans la multiplication des semences ; il faut maintenant améliorer et renforcer leurs connaissances et leur organisation.

– Création d'un système spatialisé sur l'environnement du sorgho. La méthode a pour objectif final la création avec les producteurs et les chercheurs de références sur les systèmes de cultures à base de sorgho (données biophysiques, économiques, techniques, culturelles, etc.). Ce Système d'Information sur l'Environnement (SIE) sera utilisé pour la prévision de l'aire d'utilisation de nouvelles variétés.

La création de populations à base génétique large et leur amélioration par la sélection récurrente : une nouvelle approche pour la sélection participative

Les objectifs de la sélection

Les objectifs de sélection seront précisés par zone et par système de culture suivant les résultats des diagnostics participatifs à réaliser dans des villages de référence. Cependant, au démarrage du projet, selon les résultats de plusieurs enquêtes déjà réalisées dans les deux pays et les connaissances acquises sur le climat des régions sahéliennes et la phénologie des sorghos ouest-africains, trois groupes d'objectifs de sélection sont déjà bien établis et classés comme suit par ordre d'importance :

– l'adaptation au milieu par le photopériodisme ;
– l'amélioration de la productivité ;
– une qualité des grains appropriée aux différentes utilisations.

L'adaptation du cycle de la plante à la durée probable de la saison des pluies par le photopériodisme constitue le premier objectif de sélection car il détermine grandement le rendement et la qualité des grains. Le maintien du photopériodisme n'exclut pas un gain de précocité très souvent demandé par les agriculteurs par rapport aux variétés traditionnelles.

Dans un contexte de saturation progressive de l'espace rural et de croissance démographique forte, l'amélioration de la productivité des sorghos est devenue une nécessité afin de satisfaire les besoins alimentaires croissants des populations.

Enfin, la qualité des grains des sorghos doit satisfaire les exigences et les habitudes alimentaires des producteurs et des consommateurs pour la préparation des plats traditionnels comme le tô, le couscous, les bouillies ou la bière locale et également pour ouvrir de nouveaux débouchés au sorgho en milieu urbain.

Au quatrième rang des objectifs de sélection, devraient figurer suivant les zones et selon la hiérarchisation établie par les agriculteurs lors du diagnostic, la résistance au striga et aux insectes ravageurs (cécidomyie, punaises, "spittle bugs"), la résistance à la sécheresse, l'adaptation aux différents types de sols, la qualité fourragère des pailles pour l'alimentation des animaux.

La création de populations à base génétique large et leur amélioration

Les variétés traditionnelles de sorgho possèdent des caractères de rusticité et d'adaptation au climat grâce au photopériodisme et des qualités de grain appropriées aux diverses utilisations (tô, bière, bouillies,...). Par contre, leur productivité et leur réponse à l'intensification sont limitées en raison d'un faible ratio grain/paille. Ces variétés traditionnelles présentent une diversité génétique intéressante mais leur amélioration se heurte à la grande dispersion en leur sein des caractères recherchés. L'idée de base du projet est donc de valoriser cette diversité génétique en progressant vers la productivité tout en conservant l'adaptation aux différents milieux et la qualité des produits (grains et paille), ceci en impliquant fortement les agriculteurs dans le processus de sélection. Pour cela, une stratégie très intégrée, allant de la gestion des ressources génétiques à la création variétale et prenant en compte la diversité des agro-écosystèmes et des besoins des agriculteurs, est nécessaire.

La première étape de création des populations consistera à mieux connaître et à caractériser la diversité des variétés locales de sorgho provenant soit des collections *ex situ* (variétés collectées dans les années 1970 et 1980) soit de nouvelles prospections effectuées lors de l'étape de diagnostic participatif. Dans le même temps, les contraintes et objectifs de production du sorgho et les préférences des agriculteurs seront précisés. Ce double travail de caractérisation de la diversité existante et de diagnostic permettra d'identifier pour chaque région les variétés traditionnelles rassemblant les caractères répondant aux contraintes des milieux et aux attentes des agriculteurs.

La deuxième étape consistera à croiser entre elles ces variétés locales « utiles » (15 à 20 variétés par région), enrichies si nécessaire par du matériel végétal exogène (écotypes d'autres régions et/ou matériel sélectionné) afin de créer les populations « régionalisées » à base génétique large qui seront le point de départ de la création variétale. Ce matériel exogène devra apporter dans les populations les caractères clés pour l'amélioration de la productivité en grains et du ratio grain/paille plus favorable à la production des grains. Dans le choix des variétés « utiles », les variétés traditionnelles les plus menacées de disparition seront retenues en priorité afin de préserver leurs gènes favorables.

Une fois les différentes populations de base constituées, il s'agira de les améliorer par la sélection récurrente pour le rendement et pour les autres objectifs de sélection identifiés lors du diagnostic participatif (fig. 1). La sélection récurrente est en effet une méthode appropriée pour une sélection combinée sur plusieurs caractères complexes

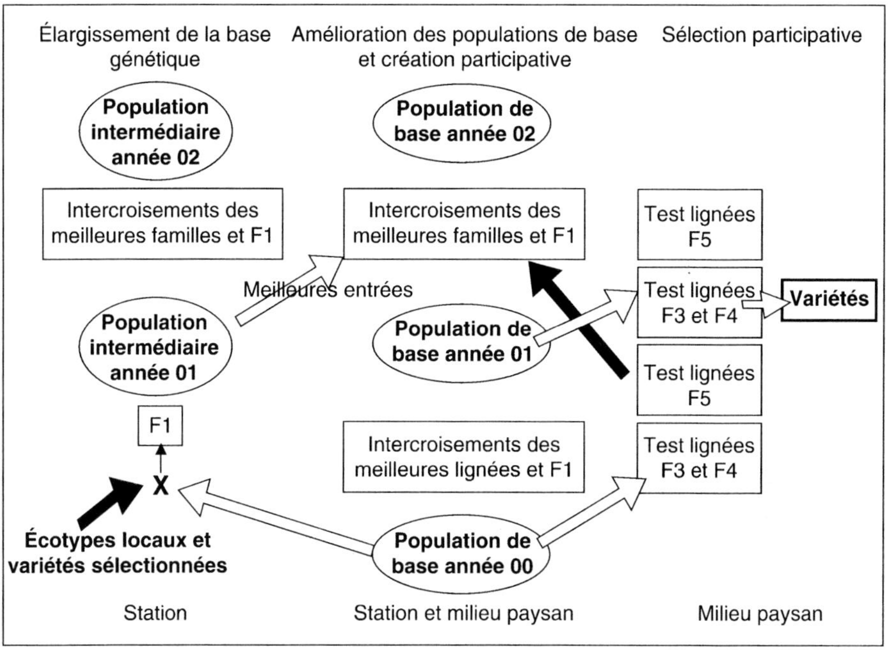

Figure 1
Amélioration des populations de sorgho par la sélection récurrente et sortie variétale. Schéma appliqué au Mali (M. Vaksmann, communication personnelle).

comme le sont le rendement, la qualité des grains, la résistance aux ravageurs et la réponse à la photopériode. Grâce à la succession de plusieurs cycles courts de sélection suivis d'intercroisements, la sélection récurrente doit permettre un progrès génétique pour ces caractères tout en maintenant une diversité élevée (GALLAIS, 1990).

Les opérations d'amélioration des populations et d'élargissement de la base génétique coexistent en permanence. L'introduction de nouveaux écotypes locaux entraînera un recul du progrès génétique dans une population déjà améliorée, la taille, la durée du cycle et la qualité du grain s'éloignant des objectifs fixés. C'est pourquoi le matériel issu des premiers croisements avec une population est géré en populations intermédiaires et est ensuite intégré après plusieurs intercroisements à la population de base (fig. 1).

Des tests précoces de rendement en conditions de compétition seront réalisés en champs paysans sur les familles F4 issues de chaque population dans un à deux villages par zone. En plus du rendement, ces familles seront évaluées par les agriculteurs partenaires pour les autres caractères agronomiques et de grain et la sélection finale des meilleurs matériels sera effectuée par eux-mêmes et en concertation avec les sélectionneurs. A chaque cycle, les meilleures familles issues de cette double sélection (pour le rendement et les critères de choix des paysans), seront ensuite recroisées avec la population de base correspondante afin d'augmenter sa valeur propre. Une population élite pourrait être constituée par l'intercroisement des meilleures familles.

L'utilisation de la sélection récurrente dans ce projet est rendue possible grâce à deux conditions préalables :

– des populations à base génétique locale sont déjà constituées ;

– la possibilité de faire 3 générations par an (grâce au contrôle du photopériodisme par l'utilisation de caches durant la période de jours longs), ce qui permet d'accélérer chaque étape et des retombées assez rapides en création variétale.

Les meilleures familles seront ensuite suivies durant deux à trois années en sélection généalogique en champs paysans, avec chaque année des tests de rendement et une sélection faite par les agriculteurs, ce qui aboutira à l'obtention des nouvelles lignées (fig. 1). Ainsi, cette création variétale participative et décentralisée dans les différents milieux cibles permettra de générer une gamme variée de nouveaux cultivars, répondant à la diversité des situations et des attentes des producteurs, et de ce fait de contribuer à la préservation de la diversité génétique.

Au Burkina Faso, la première étape de ce travail, la formation de deux populations initiales à base génétique *guinea* possédant le gène de stérilité mâle ms3, a déjà été réalisée en 1989 et en 1995. Pendant la saison des pluies 2001, chaque population a été croisée avec des variétés locales et des lignées sélectionnées élites représentatives de chacune des 3 régions agro-climatiques différentes (Boulkiemde/Sanguié, Sanmatenga et Mouhoun) afin d'introduire le gène ms3 dans le matériel local tout en accroissant la base génétique. Au total, on a utilisé pour cette phase de croisements 44 variétés locales et 9 lignées sélectionnées des collections sorgho de l'INERA Saria et Farako-ba. Les variétés locales collectées il y a 20-30 ans, ont été complétées par quelques variétés locales collectées récemment dans les trois régions.

Pendant la campagne 2001 au Burkina Faso un atelier « évaluation des écotypes » a été organisé avec des agriculteurs de deux des trois zones ciblées. Les objectifs de l'atelier se résument en l'évaluation des variétés locales utilisées pour les croisements 2001 : obtenir plus d'informations sur les variétés locales (usages particuliers, qualité du grain, exigences par rapport aux sols etc.) ; identifier les variétés locales identiques (variétés en double) ou les groupes de variétés qui se ressemblent selon les agriculteurs ; identifier et sélectionner les variétés locales préférées par les agriculteurs. Les résultats doivent permettre de mieux juger les variétés utilisées dans les croisements et ainsi de mieux respecter les besoins des agriculteurs dans chaque région pendant la création des populations et de mieux comprendre leurs critères d'appréciation.

L'objectif de l'année 2002 est de réaliser des rétrocroisements pour mieux maintenir les caractères des parents mâles utilisés pour la formation de la population de base de chaque région, en suivant le schéma précisé dans le tableau I.

Saison	Schéma classique	Schéma rapide
2001 hivernage	Population *guinea* avec gène ms_3 x 40 Ecotypes	Population *guinea* avec gène ms_3 x 40 Ecotypes
2001-2002 contre-saison	Autofécondation F1	Autofécondation F1
2002 hivernage	Rétrocroisements des plantes F2 mâle stériles sur l'écotype de départ	Intercroisements F2 (en pollinisation libre) F2 caudatum x F2 guinea
2002 contre-saison	Autofécondation F1BC1	
2003 hivernage	Brassage des familles F2 à la station	Intercroisements (en pollinisation libre avec des écotypes locaux en milieu paysan

Tableau I
Création des populations de sorgho à base génétique large, selon un " schéma classique " et un " schéma rapide " pour les régions ciblées au Burkina Faso.

Au cours de différentes enquêtes et de l'atelier d'évaluation des écotypes, les agriculteurs, notamment ceux de la région de Sanmatenga (Centre-nord du Burkina Faso) ont clairement exprimé une demande de développer des variétés *guinea* à grain blanc, un peu plus précoces et un peu moins hautes que leurs variétés locales. En plus ils ont bien apprécié les variétés de type *caudatum* (résultat des ateliers participatifs). Cette demande des agriculteurs a justifié la mise en œuvre d'un « schéma rapide » de création de populations en parallèle au schéma classique pour la région de Sanmatenga. Avec un tel programme de développement de populations on peut avoir du matériel pour tester en milieu rural à partir de l'année 2003 (brassage en milieu paysan) (tabl. I).

Au Mali la sélection récurrente est déjà en cours. Au cours de la campagne 2002 des lignées retenues dans la population de base seront testées en champ paysan. On a 700 populations recombinantes (F2) issues du croisement des meilleures plantes sélectionnées en 2001, 600 familles (F3 et F4) issues des croisements de 2000. A ce niveau, on essaie de tester les plantes en conditions de compétition pour juger l'aspect de peuplement végétal à haute densité (60 000 plantes/ha). Sur ces populations recombinantes le choix est individuel. Enfin on testera 82 familles (F5 et F6) issues des croisements de 1999 sur lesquelles on sélectionnera sur le rendement. Les tests seront réalisés chez un ou deux paysans en 7 écologies différentes.

Création d'un système d'information sur le sorgho

La création d'un système d'information sur l'environnement (SIE) du sorgho se fera autour de trois axes : la spatialisation des informations récoltées sur les écosystèmes à sorgho, la caractérisation de la variabilité des écosystèmes à sorgho et la prévision de l'aire de diffusion de nouvelles variétés. La définition des variables du

SIE doit être le fruit d'un dialogue étroit entre les différents partenaires du projet (OP, chercheurs) afin que chaque acteur puisse au final trouver les informations nécessaires pour répondre aux questions qu'il se pose.

Les produits attendus

Trois groupes de produits sont attendus à l'issue du projet : du matériel végétal alliant rusticité et productivité améliorée et répondant à la diversité des milieux et des usages ; des outils et des dispositifs de concertation entre chercheurs, développeurs, utilisateurs et agriculteurs pour une gestion participative durable de la biodiversité du sorgho et sa valorisation.

Dans ce cadre, un produit important du projet sera l'élaboration de contrats entre la Recherche et les organisations paysannes sur les droits d'utilisation des ressources génétiques appartenant aux communautés paysannes et les droits de propriété des variétés générées en co-obtention entre agriculteurs et chercheurs.

Conclusion

Le projet « Agrobiodiversité du sorgho » propose une approche originale dans la manière de combiner préservation de la biodiversité *in situ* et amélioration génétique. Il se veut novateur dans les méthodes de sélection proposées (sélection récurrente participative) et la forte responsabilisation des organisations paysannes dans la gestion et l'exécution du projet. Outre les retombées attendues pour le développement agricole dans les deux pays, il devrait contribuer à la mise au point de nouvelles méthodes scientifiques et d'outils de concertation pour permettre une meilleure conservation dynamique de la biodiversité des cultures dans les zones tropicales.

Bibliographie

CHANTEREAU J., TROUCHE G., LUCE C., DIEU M., HAMON P., 1997 – « Le sorgho ». *In* : A. Charrier, M. Jacquot, S. Hamon, D. Nicolas (éd.) : *L'amélioration des plantes tropicales*, Cirad/Orstom, collection Repères : 565-590.

FAO, 1996 – *L'économie mondiale du sorgho et du mil. Faits, tendance et perspectives.* Rome,. Fao, 68 p.

GALLAIS A., 1990 – *Théorie de la sélection en amélioration des plantes.* Paris, Masson, Collection des sciences agronomiques.

HANAK-FREUD H., 2000 – Au Burkina Faso, les céréales traditionnelles peuvent devenir des cultures de rente. *Agriculture et développement,* 23 : 18-30.

KOURESSY M., 2002 – *Etude de la durée du cycle des sorghos locaux du Mali. Comparaison avec la durée de la saison des pluies. Evolution sur les 20 dernières années.* Mémoire de DEA, Université du Mali, 44 p.

MORDEN C. W., DOEBLEY J. F., SCHERTZ K. F., 1989 – Allozyme variation in old world races of *Sorghum bicolor* (Poaceae). *Amer. J. Bot.*, 76 : 247-255.

OLLITRAULT P., NOYER J. L., CHANTEREAU J., GLASZMANN J. C., 1997 – *Structure génétique et dynamique des variétés traditionnelles de sorgho au Burkina Faso.* Actes du colloque « Gestion des ressources génétiques des plantes en Afrique des savanes », Bamako, Mali, 24-28 février 1997, IER-BRG-Solagral.

REYNIERS F.-N., 2001 – *Système d'information sur l'environnement du sorgho.* Présentation à l'atelier de lancement du projet « Préservation de l'agrobiodiversité du sorgho au Mali et au Burkina Faso », 23-26 avril 2002.

SCHEURING J. F., KONATE I.M., TOURE S., 1980 – The Malian sorghum collection. *Sorghum Newsletter,* 23 : 33-35.

SCHÖNHUTH M., KIEVELITZ U., 1994 – *Participatory learning approaches – rapid rural appraisal, participatory appraisal, an introductory guide.* Deutsche Gesellschaft für Technische Zusammenarbeit (GTZ) GmbH (ed.). TZ-Verlagsgesellschaft, Rossdorf, Germany.

THIOMBIANO M. L., 1983 – *Contribution à l'évaluation de quelques écotypes de sorgho voltaïques.* Mémoire de fin d'étude IDR, Ouagadougou, Burkina Faso.

TROUCHE G., CHANTEREAU J., ZONGO J.-D., 1998 – « Variétés traditionnelles et variétés améliorées de sorgho dans les régions sahéliennes ». *In* L. Bacci, F.-N. Reyniers (éd) : *Le futur des céréales photopériodiques pour une production durable en Afrique tropicale semi-aride.* Actes du séminaire international, 27-30 avril 1998, Florence, Italie, Ed. CeSIA, CIRAD, Montpellier, France.

VAKSMANN M., TRAORÉ S., NIANGADO O., 1996 – Le photopériodisme des sorghos africains. *Agriculture et Développement,* 9 : 13-18.

ZONGO J. D., 1991 – *Ressources génétiques des sorghos (Sorghum bicolor L. Moench) du Burkina Faso : Evaluation agromorphologique et génétique.* Thèse de docteur ès sciences, sciences naturelles, Université d'Abidjan, Côte d'Ivoire, 219 p.

Les politiques nationales de conservation des ressources génétiques du mil au Burkina Faso

R. G. Zangré
Généticien

M. Ouédraogo
Généticien

Introduction

Au Burkina Faso, l'économie est faiblement performante et repose principalement sur l'agriculture qui contribue pour 60 % aux recettes d'exportation du pays et participe pour 35 % au PIB. Plus de 84 % de la population tire l'essentiel de ses revenus des activités agricoles (MA, 2002).

A l'exception du coton, cette agriculture reste de subsistance et est largement dominée par les céréales, principalement sorgho, mil, maïs qui occupent plus de 80 % des superficies cultivées et représentent 75 à 80 % de la production agricole (MA, 2001).

Le mil occupe chaque année en moyenne 1,2 million d'hectares avec une production de 800 000 tonnes (MA, 2002), assurée en grande partie par les variétés traditionnelles cultivées selon des pratiques paysannes et directement influencées par les écosystèmes et les us et coutumes des populations.

Pour le mil et le sorgho, les savoir-faire traditionnels, les techniques paysannes de sélection variétale et la présence de formes cultivées, sauvages et adventices dans les mêmes aires de culture sont à l'origine de la grande diversité génétique révélée à travers plusieurs analyses agro-morphologiques et génétiques. Cependant, plusieurs facteurs défavorables sont en train de compromettre l'existence même de cette diversité. Ce sont entre autres les sécheresses successives, la pratique des feux de brousse, le déboisement, l'insuffisance de jachères avec pour corollaire la pauvreté des sols et la dégradation accélérée des ressources naturelles. De telles conditions sont défavorables aux types variétaux à cycle long, qui tendent à disparaître des champs paysans, accentuant ainsi l'érosion génétique (ZANGRÉ, 1996).

Pour assurer la durabilité de la production du mil, condition nécessaire pour atteindre l'autosuffisance et la sécurité alimentaire, il est indispensable de maintenir et renforcer la diversité génétique actuelle par la mise en œuvre de politiques de conservation *in situ* et *ex situ*. En effet, la mise au point de nouvelles variétés performantes et adaptées est intimement liée à la présence d'une large base génétique dans le matériel disponible.

Le Burkina Faso a signé plusieurs conventions et protocoles sur la préservation des ressources naturelles et, bien qu'il n'existe pas encore de politiques spécifiques sur les ressources phytogénétiques, plusieurs stratégies et approches sont mises en œuvre pour assurer la conservation et la gestion de ces ressources au niveau des principales cultures, notamment le mil.

Le présent article se propose dans un premier temps d'examiner les différentes approches mises en œuvre pour la conservation des ressources génétiques, principalement du mil, et de présenter dans un deuxième temps les engagements internationaux du Burkina en matière de conservation des ressources naturelles pour leur utilisation durable.

Les approches mises en œuvre pour la conservation des ressources génétiques du mil

Le Burkina s'est ouvert très tôt aux activités de recherche sur les ressources phytogénétiques, notamment par :

– la mise en place d'un partenariat avec le CIRAD (IRAT, IRHO), l'IPGRI (le Burkina Faso a abrité le siège de l'IBPGR pour l'Afrique de l'Ouest jusqu'en 1983), la FAO, l'IRD (ex ORSTOM), et l'ICRISAT ;

– la mise en place d'une unité de conservation à l'INERA basée à Farako-Bâ ;

– l'organisation de l'atelier national sur l'agrobiodiversité en 1993 ;

– et, depuis 1995, l'adoption du plan stratégique de la recherche scientifique qui a inscrit les ressources phytogénétiques comme une de ses priorités.

Bien qu'il n'existe pas encore de programme national de recherche en la matière, la conservation et l'exploitation des ressources phytogénétiques n'en constituent pas moins une activité importante des programmes d'amélioration et de sélection variétales de l'INERA. Ainsi, depuis les années 60, à travers les instituts de recherche de l'époque, des prospections et collectes de mil et de sorgho ont été entreprises. Au début des années 80, de nombreuses missions de prospection et de collecte, appuyées par l'IPGRI, ont rassemblé un nombre important d'écotypes de mil qui sont conservés dans des banques de gènes à l'extérieur du pays. Aujourd'hui, l'activité de collecte est une routine pour les sélectionneurs pour constituer ou renouveler leurs collections de travail. On observe également, depuis 1995, la mise en place d'un certain nombre de projets en partenariat sur la conservation et l'utilisation des ressources génétiques du mil *in situ*.

Collecte et conservation *ex situ*

Les données présentées ici ne sont pas toutes récentes, mais elles indiquent surtout les efforts réalisés à un moment ou à un autre pour la collecte et l'exploitation des ressources génétiques locales du mil.

Entre 1960 et 1986 l'IRAT a collecté environ 200 écotypes de mil à travers le pays. Dans la période allant de 1977 à 1981, l'ICRISAT a rassemblé plus de 650 écotypes. Une couverture du pays, faite par l'INERA, l'IDR, l'IRD, l'IPGRI dans la période allant de 1981 à 1986, a permis de rassembler environ 620 écotypes dont 3 formes sauvages. Tout récemment en 2001, une collecte d'écotypes locaux dans les sites du projet *in situ* a permis de rassembler une centaine d'échantillons (SP/CONAGESE, 1999).

Les échantillons des prospections de 1981 à 1986 sont conservés dans les banques de gènes de l'ICRISAT (Inde), de l'IRD (France) et du CIRP (Canada) ; le double a été mis à la disposition de l'INERA pour être utilisé et conservé (CRREA de Farako-Bâ).

La plupart des échantillons des prospections de 1981 à 1986 a été caractérisée et évaluée sur les plans agromorphologique et enzymatique (ZONGO *et al.*, 1988 ; BALMA, 1992 ; ZANGRÉ et BALMA, 1993 ; SEDOGO M. C., 1995).

Par ailleurs, l'exploitation de bonnes combinaisons génétiques à partir des écotypes locaux de mil a permis la mise à disposition pour la vulgarisation d'une dizaine de variétés améliorées (ZONGO *et al.*, 1988 ; LOHANI *et al*, 1995).

Conservation *in situ*

Le partenariat s'est poursuivi ces dernières années par la mise en place de projets de conservation *in situ*.

– Le projet « Nouvelles stratégies impliquant les marqueurs moléculaires pour optimiser l'utilisation des ressources génétiques (formes sauvages et cultivées) du mil ». Ce projet, financé par l'Union européenne, a été mené de 1995 à 1999 en partenariat avec le laboratoire « Evolution et Systématique » de l'Université Paris XI (France), Cereals Research Department de John Innes Center (UK), l'IDESSA (Côte d'Ivoire), et l'IRD (Niger). Un matériel à large base génétique est en fin de création, combinant 4 formes sauvages originaires du Burkina, Sénégal, Mali, Nigeria et un écotype cultivé du nord du Burkina.

– Le projet « Renforcement des bases scientifiques de la conservation *in situ* de l'agrobiodiversité ». Ce projet est mené en partenariat avec l'IPGRI et huit autres pays à travers les cinq continents.

Les cultures concernées au Burkina sont : mil, sorgho, niébé, arachide, gombo, fabirama.

Avec la mise en place de ce projet, un cadre national de concertation et de mise en œuvre de la conservation des ressources phytogénétiques *in situ* a vu le jour. Un comité de pilotage et une coordination nationale assurent la gestion de ce projet. Pour la réalisation des activités, un comité technique national multidisciplinaire et des comités techniques locaux (au niveau des sites) assurent l'exécution des activités.

– Le projet « Développement et conservation de la biodiversité communautaire » (CBDC). Il met l'accent sur la connaissance des pratiques et savoir-faire traditionnels dans le développement des variétés et la multiplication des semences en milieu paysan, en vue de proposer des solutions d'amélioration de la conservation en milieu paysan par les paysans eux-mêmes. Les cultures concernées sont : mil, sorgho, niébé, gombo et arachide.

Quelques conventions et accords du Burkina en matière de conservation des ressources biologiques

Sur le plan national, le Burkina a élaboré des textes relatifs à la réforme agraire et foncière (RAF) qui confèrent à l'Etat le droit sur le foncier. Il existe également des législations relatives au programme d'action national pour l'environnement (PANE) et un programme national de gestion des terroirs (PNGT). Dans un cadre de mondialisation de la protection et de la conservation des ressources naturelles, le pays s'est engagé dans plusieurs conventions et protocoles. Des textes d'application de ces engagements sont soit élaborés, soit en cours d'élaboration. Ceci montre la prise de conscience du politique pour le problème global de l'environnement, mais sur le problème particulier des ressources phytogénétiques, le chemin reste à faire.

A l'instar de nombreux pays, le Burkina a signé effectivement des protocoles et conventions régionaux et internationaux dans le cadre de la gestion et de l'utilisation durable des ressources naturelles dont l'application induit indirectement la conservation des ressources phytogénétiques. Le tableau I donne la liste de quelques conventions et protocoles.

Ainsi sur le plan de l'alimentation et de l'agriculture, le Burkina a adhéré aux engagements suivants :
– Plan d'Action du Sommet Mondial de l'Alimentation (1996) ;
– Plan d'Action Global pour la Conservation et l'Utilisation durable des Ressources Phytogénétiques pour l'Alimentation et l'Agriculture (1996) ;
– Engagement International en faveur des Ressources Phytogénétiques (1998) ;
– Convention Internationale sur la Protection des Végétaux (1979 : version actuelle en vigueur de la CIPV adoptée par la FAO en 1951).

Il est également partie prenante, concernant les ressources naturelles et le développement durable, des différents protocoles et conventions listés au tableau ci-dessous dont les principaux sont :
– Convention sur la Diversité Biologique (CDB), dont l'élaboration de la monographie nationale fait partie de la mise en œuvre ;
– Protocole de Cartagena sur la prévention des risques biotechnologiques, signé et ratifié respectivement en 2000 et 2002. La mise en œuvre est entamée par l'élaboration des directives nationales en 2002 et la réalisation de plusieurs études diagnostic.

Le Burkina participe également à plusieurs rencontres et ateliers sur les ressources phytogénétiques. Il joue un rôle particulièrement important dans les négociations organisées par la FAO sur le plan d'actions mondiales sur les ressources phytogénétiques (tabl. I).

Conclusion et perspectives

Les ressources phytogénétiques relèvent de la souveraineté nationale et les engagements pris par le Burkina impliquent la mise en œuvre de politiques et de législations nationales relatives à ces ressources.

Conventions/protocole	Niveau	Objet	Date d'adoption
1/ Convention africaine sur la conservation de la nature et des ressources naturelles	Régional	Encourager une action pour la conservation, l'utilisation et la mise en valeur des ressources en eau, en flore et en faune	15/09/68
2/ Convention sur la protection du patrimoine mondial, culturel et naturel	International	Etablir un système efficace de protection collective du patrimoine mondial	23/11/72
3/ Convention sur le commerce international des espèces de faune et de flore sauvages menacées d'extinction	International	Protéger certaines espèces en voie d'extinction et de surexploitation	03/03/73
4/ Convention sur la diversité biologique	International	Conserver la diversité biologique, utiliser durablement ses éléments et partager de manière juste et équitable les avantages découlant de l'exploitation des ressources génétiques	22/05/92
5/ Convention sur la protection des végétaux	International	Prendre des mesures nécessaires phytosanitaires pour protéger les végétaux contre les nuisibles	22/12/94
6/ Convention internationale de lutte contre la désertification	International	Promouvoir des mesures concrètes en s'appuyant sur des programmes locaux novateurs et en partenariat international	14/10/94
7/ Protocole de Cartagena sur la prévention des risques biotechnologiques	International	Contribuer à assurer un degré adéquat de protection pour le transfert, la manipulation et l'utilisation sans danger des OVM/OGM	24/05/00

I Tableau I
Liste de quelques conventions et protocoles régionaux et internationaux.

Aussi, depuis 2002, des textes allant dans ce sens ont été élaborés et proposés pour la mise en place d'un Comité National des Ressources Phytogénétiques (CONARPG) dont les missions sont entre autres :

– de contribuer à l'orientation et à l'élaboration des politiques, programmes, stratégies et législations en matière de recherche, de conservation et d'utilisation des ressources phytogénétiques et en assurer le suivi et l'évaluation ;

– de veiller à la mise en œuvre de ces politiques ;

– de coordonner sur le territoire national les activités en matière de ressources phytogénétiques ;

– de contribuer à la mise en œuvre des divers protocoles et conventions sur la diversité biologique ;
– de veiller au renforcement de la collaboration et du partenariat scientifiques aux niveaux national, régional et international ;
– de favoriser la concertation entre les acteurs de la recherche, la gestion des ressources phytogénétiques, des ressources naturelles et du développement ;
– d'assurer le suivi et l'évaluation des politiques, programmes, stratégies et législations sur la recherche, la conservation et l'utilisation des ressources phytogénétiques.

La mise en place des activités de recherche en matière de ressources phytogénétiques pourra s'appuyer sur les éléments suivants des stratégies énoncées dans la monographie :
– inventaire du matériel végétal disponible au niveau national et dans les banques de gènes internationales en vue de sa reconstitution ;
– identification des zones écologiques où la diversité génétique est menacée de disparition en vue de leur gestion ;
– organisation d'une banque de gènes et gestion d'une banque de données ;
– définition des programmes de prospection et de collecte, et mise en œuvre ;
– utilisation du patrimoine génétique local au sein des communautés autochtones ;
– évaluation de la diversité génétique ;
– gestion *in situ* des réserves naturelles où poussent en sympatrie les formes sauvages et cultivées et création d'unités de conservation *in situ* ;
– sensibilisation des populations sur les risques d'érosion génétique dus aux activités de l'homme sur les ressources naturelles.

Bibliographie

Balma D., 1992 –
Etude de la variabilité génétique du mil (Pennisetum typhoides, Stapf et Hubbard). Implication concernant la conservation et l'utilisation des ressources phytogénétiques.
Thèse de doctorat (Ph.D.), Faculté des Sciences de l'Agriculture et de l'Alimentation/Université Laval, Québec, Canada, 188 p.

LOHANI S. N., SÉRÉMÉ P., ZANGRÉ R., 1995 – Registration of « IKMP1 » and « IKMP2 » Pearl Millet. *Crop Science,* 35 : 591-592.

MA, 2001 – *Statistiques agricoles.* MA/SG, Ouagadougou, Burkina Faso.

MA, 2002 – *Politique Agricole et Lutte contre la Pauvreté au Burkina Faso.* MA/SG, Ouagadougou, Burkina Faso.

SÉDOGO M. C., 1995 – *Etude de la variabilité génétique d'une collection de mil (*Pennisetum glaucum *(L.) R. Br.) du Burkina.* Thèse de Doctorat d'Ingénieur, Université Nationale de Côte d'Ivoire.

SP/CONAGESE, 1999 – *Monographie Nationale sur la Diversité Biologique du Burkina Faso.* MEE, PNUE, FEM, Ouagadougou, Burkina Faso : pp. 44 et 72.

ZANGRÉ R., 1996 — « L'érosion des ressources génétiques en Afrique de l'Ouest : le cas des céréales ». *In* : *Biodiversité, ressources phytogénétiques et sécurité alimentaire locale,* Actes du Séminaire organisé par le Programme Pronat (Protection Naturelle) de Enda Tiers Monde, avec la collaboration de l'Association pour le Développement des Techniques Agroécologiques (ADTAE), 16-20 décembre 1996 à Ouagadougou, Burkina Faso : 50-54.

ZANGRÉ R., BALMA D., 1993 – Evaluation morphologique d'une collection de mil (*Pennisetum glaucum* (L.) R. Br.). Sciences et Technique, 20, 22 p., CNRST, Ouagadougou, Burkina Faso.

ZONGO J. D., SÉDOGO M. C., SÉRÉMÉ P., ZANGRÉ G. R., 1988 – « Synthèse des prospections des *mils (Pennisetum typhoides* Stapf et Hubbard) au Burkina Faso ». *In* : *Proceedings of Regional pearl millet Improvment Workshop,* IAR, Zaria, Nigeria, August 1988 : 121-131.

Gestion de la diversité en milieu paysan

partie 3

Influence des facteurs anthropiques et des flux de gènes sur la variabilité génétique des formes cultivées et spontanées du mil dans deux localités du Niger[1]

T. Robert
Généticien

A. Luxereau
Anthropologue

C. Mariac
Généticien

K. Ali
Agronome

C. Allinne
Généticienne

A. I. Amoukou
Généticien

J. Bani
Agronome

M. Banoin
Agronome

Y. Beidari
Technicien

G. Bezançon
Généticien

S. Cayeux
Généticienne

E. Couturon
Généticien

V. Dedieu
Généticienne

I. Gamatché
Agronome

A. Hamidou
Agronome

D. Moussa
Technicien

M. Sadou
Technicien

M. Seydou
Technicien

O. Seyni
Technicien

M. Tidjani
Technicien

A. Sarr
Généticien

[1] Ce texte a déjà été publié dans les actes du 4e Colloque National « Le patrimoine génétique : la diversité et la ressource » organisé par le BRG à La Châtre les 14, 15 et 16 octobre 2002 sous le titre : « Gestion de la diversité en milieu paysan : influence de facteurs anthropiques et des flux de gènes sur la variabilité génétique des formes cultivées et spontanées du mil (*Pennisetum glaucum*) dans deux localités du Niger ». Les auteurs tiennent à remercier le Bureau des Ressources Génétiques (BRG, Paris) pour son soutien financier sans lequel ces travaux n'auraient pu être réalisés, ainsi que les deux relecteurs anonymes pour leurs commentaires utiles et constructifs.

Introduction

Depuis quelques années, la nécessité de développer des modes de conservation des Ressources Génétiques « à la ferme » est fortement affichée par les institutions nationales et internationales en charge de ces problèmes. La conservation à la ferme poursuit des objectifs multiples (JARVIS, 1999) dont le maintien *in situ* de la diversité génétique et des processus évolutifs, la préservation de l'équilibre écologique des agrosystèmes, et la revalorisation du rôle des agriculteurs dans la conservation des ressources génétiques. Ces objectifs reposent sur la conception selon laquelle les systèmes agricoles non intensifs sont généralement garants du maintien d'une certaine diversité biologique liée aux pratiques agricoles. S'il est avéré que l'on trouve effectivement dans de tels systèmes une diversité variétale importante (BRUSH, 1992), on est amené à s'interroger sur sa relation avec la variabilité génétique sous-jacente, et plus encore sur les mécanismes qui permettent le maintien éventuel de cette diversité à ces différents niveaux de perception. L'efficacité des systèmes agricoles non intensifs en relation avec l'objectif de conservation des ressources génétiques peut être alors reconsidérée au travers de l'interrogation suivante : les pratiques agricoles dans les systèmes de ce type permettent-elles systématiquement le maintien des mécanismes biologiques qui génèrent et façonnent cette diversité par le biais de la recombinaison et des processus sélectifs ? Les données obtenues chez le maïs (LOUETTE *et al*, 1997) ou chez le manioc (ELIAS *et al,* 2001a, ELIAS *et al*, 2001b) confirment plutôt cette vision des choses. Il convient toutefois de s'interroger sur la portée générale de cette conception, et notamment de sa dépendance vis-à-vis des conditions socio-économiques et écologiques dans lesquelles ces agricultures se maintiennent[2].

Parmi les mécanismes évolutifs importants, les flux de gènes entre variétés cultivées, et/ou entre formes domestiquées et spontanées,

---

[2] On doit noter que les deux exemples précités concernent des régions et des conditions de production qui permettent une autosuffisance alimentaire de bon niveau.

sont souvent considérés comme étant maintenus dans les agricultures non intensives. Ils permettent la recombinaison génétique et l'introgression des variétés cultivées par des gènes venant des formes sauvages, et donc l'émergence de nouvelles combinaisons génétiques. L'effet de la sélection naturelle et le choix fait par l'agriculteur du matériel végétal qui sera propagé la saison suivante doit permettre la sélection des combinaisons les plus favorables. *A contrario*, ces flux de gènes peuvent être des facteurs déstructurant la stabilité phénotypique et le niveau d'adaptation des variétés cultivées s'ils sont trop importants (SLATKIN, 1995). Les niveaux d'équilibre entre flux de gènes et forces sélectives peuvent donc être très fragiles, particulièrement chez les populations de plantes très allogames.

Des questions restent toutefois posées concernant l'existence réelle de ces flux de gènes, particulièrement entre les formes domestiquées et spontanées, leur importance sur le plan quantitatif et donc leur impact sur l'organisation de la diversité dans les agro-systèmes. Des études réalisées sur certaines espèces démontrent la réalité des flux de gènes entre les deux formes (RENNO *et al.*, 1997 sur le mil ; LINDER *et al.*, 1998 sur le tournesol ; MULLER *et al.*, 2001 sur la luzerne). Pourtant, leur impact sur la diversité des plantes cultivées est considéré par certains auteurs comme anecdotique (WOOD et LENNE, 1997). Les exemples bien documentés restent rares pour que l'on puisse avoir une idée précise de l'importance du phénomène (JARVIS et HODGKIN, 1999).

L'évaluation des facteurs de contrôle de ces flux de gènes paraît donc un axe de recherche nécessaire afin de comprendre la dynamique de la diversité dans les agrosystèmes. Parmi ces facteurs, les pratiques agricoles tiennent une place prépondérante. Elles vont moduler les flux de gènes à deux niveaux : i- les modes de gestion des semences et de culture des variétés ; ii- les pratiques de sélection et d'élimination des adventices entraînant des modifications des flux de gènes avec les formes domestiquées. Il faut souligner que ces pratiques ne sont pas figées et que les agriculteurs sont souvent obligés de les adapter à des changements écologiques et socio-économiques.

Nous présentons ici une synthèse des travaux récents réalisés au Niger sur le mil, principale culture vivrière au Sahel. Cette étude, réalisée à une échelle micro-géographique, porte sur le rôle des pratiques agricoles sur les flux de gènes et sur l'organisation et l'évolution de la variabilité génétique des variétés de mil, dont le système de reproduction est l'allogamie préférentielle. Ce niveau d'analyse est celui auquel les gestionnaires sont ou seront confrontés dans le cadre du développement de stratégies de conservation à la ferme. Plus précisément, nous abordons deux aspects : i-les relations entre la diversité des pratiques agricoles et les flux de gènes entre variétés et l'organisation de la diversité aux niveaux agro-morphologique et moléculaire ; ii-l'analyse des relations génétiques entre formes cultivées, sauvages et intermédiaires basée sur leur évaluation agro-morphologique et génétique à l'échelle du champ paysan. Le but est ici d'apporter des éléments de compréhension sur l'origine des plantes à phénotypes intermédiaires domestiqué/sauvage (appelées « *soun* » localement) et sur le degré d'introgression de populations cultivées par des caractères de formes sauvages.

Matériel et méthodes

Lieux d'études

La recherche s'est déroulée dans deux localités du sud-ouest du Niger, Alzou et Kouré, distantes d'environ 200 km. Les situations de ces deux villages sont différenciées : les conditions de pluviométrie sont plus favorables à Kouré et le niveau de production meilleur ; à Alzou on trouve des situations de sympatrie entre mils sauvages et mils domestiqués alors qu'à Kouré des *soun* sont observés, en l'absence de mils sauvages. Des semences ont par ailleurs été échantillonnées dans d'autres villages, sur des marchés et chez des commerçants de la région (fig. 1).

Enquêtes anthropologiques

Elles ont porté sur les représentations, savoirs et savoir-faire paysans : c'est-à-dire sur la perception, les modes de reconnaissance et de classement des plantes à phénotype diversifié (en particulier sur

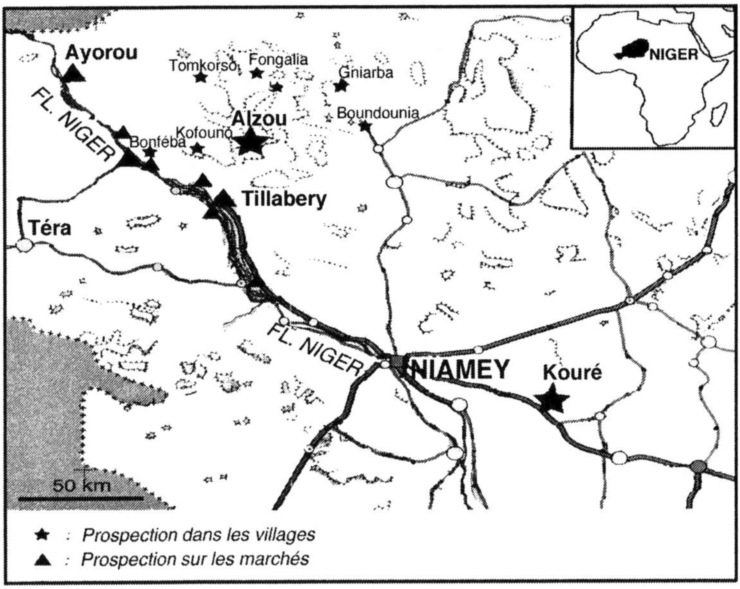

Figure 1
Carte de la zone où les travaux ont été réalisés et emplacements des villages et marchés où les enquêtes et les échantillonnages ont été réalisés.

la césure entre ce que nous considérons comme sauvages et domestiques), sur les savoirs fondant les pratiques. Pour ce faire nous avons recueilli et analysé les discours, en situant les différents interlocuteurs dans leur statut social ; nous les avons confrontés à l'observation des pratiques afin de distinguer entre norme dite et pratique réelle d'une part, afin d'évaluer d'autre part la variabilité de ces pratiques selon les interlocuteurs et selon le temps ; nous avons mis en relation les savoirs vernaculaires et les savoirs scientifiques. La grande variabilité des pratiques au sein d'un même village, notamment en terme d'efficacité des façons culturales et de gestion des semences, nous a amenés à travailler avec une dizaine d'agriculteurs par village, choisis pour être représentatifs de la diversité des situations sociales (familles étendues/restreintes, descendants d'hommes libres/descendants d'esclaves, Zarma-Songhai/Peul...), économiques (riches/pauvres, grands/petits propriétaires...) et des logiques personnelles (attachement à une variété, revenus non-agricoles...), puis à sortir de ces villages en enquêtant sur les sources de semences sur les marchés d'approvisionnement.

Analyses agro-morphologiques et génétiques

Caractérisation de la diversité morphologique *in situ* et de la variabilité génétique des différents types de mils identifiés par les agriculteurs

Les mesures ont été réalisées sur une trentaine de plantes identifiées par les paysans, pour chacune des différentes catégories distinguées (7 à Alzou et 9 à Kouré). Cette classification s'opère à la fois sur la morphologie des plantes et leur position au champ, elle concerne des formes cultivées et des formes intermédiaires dont certaines expriment à différents degrés des caractères de la forme sauvage. Cette caractérisation a été réalisée sur le champ de l'agriculteur A à Alzou (tabl. I). Son champ est bordé d'une grande population de mils sauvages dont un échantillon a été inclus dans l'analyse. A cultive en mélange deux variétés précoces, *haini kiré* (HK) et *darancoba* (D). A Kouré, l'étude a porté dans le champ de l'agriculture K qui cultive une variété précoce (HK) et une variété tardive *somno* (S) en parapatrie dans la même parcelle. Douze caractères de la chandelle et des épillets (incluant le niveau d'égrenage spontané), définissant une partie du syndrome de domestication (Poncet *et al.*, 1998) ont été mesurés.

L'analyse génétique de ces plantes a été effectuée à l'aide de marqueurs AFLP générés par l'utilisation de 5 couples d'amorces. Au total, 133 bandes polymorphes ont été obtenues sur 114 plantes à Kouré et 159 à Alzou.

Caractérisation en essai agronomique de la diversité morphologique des plantes issues de semences de variétés locales précoces et tardives

L'essai a été réalisé à la station expérimentale de l'Icrisat (Sadoré) au cours de la campagne 2000. Les échantillons analysés proviennent au total de 4 agriculteurs d'Alzou (A, B, C et D), 1 de Kouré (K) et 1 de Karma (M) village situé à 20 km au nord de Niamey. Au total 14 cultivars ont été analysés appartenant à 4 variétés locales :

haini kiré (HK), *darancoba* (D), *zongo* (Z) et *somno* (S). Une variété améliorée P3 Kollo (VA) échantillonnée à Karma a aussi été incluse dans l'analyse (tabl. I).

Agriculteurs	Villages	Variétés	Codes
A	Alzou	*Haini Kiré (HK)*	AHK
A	Alzou	*Darankoba (D)*	AD
B	Alzou	*HK*	BHK
C	Alzou	*HK*	CHK
C	Alzou	*Somno (S)*	CS
C	Alzou	*Tchoumo (T)*	CT
D	Alzou	*HK*	DHK
K	Kouré	*HK*	KHK
K	Kouré	*Somno 'bi' (SB)*	KSB
K	Kouré	*Somno 'darankoba' (SD)*	KSD
M	Karma	*HK*	MHK
M	Karma	*T*	MT
M	Karma	*P3 Kollo var.* améliorée	MVA
M	Karma	*Zongo*	MZ

I Tableau I
Liste et codage des variétés étudiées par agriculteur et par village.

Les échantillons de grains ont été prélevés sur des chandelles sélectionnées par les agriculteurs au moment de la récolte 1999 et destinées à constituer le stock de semence de la saison suivante. La mise en place a été réalisée selon un modèle en blocs aléatoires complets avec trois répétitions. Au total 36 caractères morphologiques, descripteurs de l'architecture de la plante au stade juvénile, à la floraison et à la maturité, du format de la chandelle, de la structure de l'épillet ainsi que la précocité de floraison ont été mesurés sur 40 plantes par répétition. Par ailleurs, les plantes de chaque variété ont été classées en phénotype « cultivé » ou phénotype « *soun* » à la récolte.

Analyse de la variabilité génétique de lots de semences sélectionnées par les agriculteurs et d'échantillons d'apports extérieurs

Des échantillons de semences ont été prélevés lors des récoltes 1999, 2000 et 2001. Des échantillonnages ont été également effectués sur les apports extérieurs de grains au moment du semis, complétant le stock constitué à la récolte, et sur les marchés régionaux. Nous présentons ici des données préliminaires réalisées à partir de ces échantillons dont les analyses sont en cours : l'analyse comparative de la variabilité génétique observée en 1999 et 2000 a été réalisée avec des échantillons du village d'Alzou (HK, D et *tchoumo* (T)) prélevés chez 3 agriculteurs (A, C et D) et une variété de Kouré (HK) prélevée chez K. Elle est basée sur 32 bandes polymorphes.

Résultats

Diversité variétale, classification locale et pratiques culturales

Classifications paysannes

En zarma-songhai, le mil se dit *haini*. Ce terme s'applique aux plantes portant des chandelles biens formées, bien remplies et non égrenantes, en somme le “mil domestique”. Ceux qui sont moins remplis, moins bien formés et qui présentent une tendance à l'égrenage, sont appelés *haini wai* (mil féminin) versus les belles chandelles caractérisées de *haini aro* (mil masculin). Ils font normalement partie de la dotation des femmes qui les glanent après la récolte des meilleures chandelles.

Ceux qui s'égrènent spontanément « au vent ou lorsqu'ils s'entrechoquent » sont des *soun*. Selon les agriculteurs, ils mûrissent avant les mils mais l'étalement de leur floraison permet un large recouvrement avec celle des plantes à phénotype domestiqué (précoces et tardives). Avant l'épiaison, rien ne permet de véritablement distinguer ces *soun* même si quelques agriculteurs les associent à des caractères des tiges (grêles et nombreuses, collet non enterré) et, rarement, d'intensité de coloration des feuilles au stade plantule. Leurs chandelles sont plus petites mais certaines peuvent avoir des grains analogues voire même plus gros que ceux portés par les chandelles des « mils féminins ». Les mils sauvages (*P. glaucum* subsp. *monodii*) sont des *sounsouna* (redoublement du terme *soun*) et sont apparentés aux « mils domestiques »[3]. Cette différenciation au niveau des noms ne doit pas laisser supposer qu'il s'agit de classes mutuellement exclusives. Elle ne doit pas non plus masquer les divergences d'avis, notamment lorsqu'on discute chandelles en main, et plus fondamentalement le faible intérêt des agriculteurs pour ce type de classification qui est surtout opératoire au moment du choix des semences.

Les variétés sont classées en deux grands ensembles selon leur précocité et cette classification est différente selon les deux localités. A Kouré (et dans l'ensemble de la région), les *somno* sont semi-hâtifs (CLEMENT, 1985) tandis qu'à Alzou ce sont des mils très hâtifs, irrégulièrement cultivés[4]. Les variétés que l'on peut caractériser de « traditionnelles », celles que les agriculteurs cultivent depuis très longtemps et qui constituent leur véritable centre d'intérêt ont pris le nom générique d'une variété dominante dans les champs, *haini kiré* (litt. mil rouge). Cette classe intègre plusieurs variétés (ou sous-variétés selon le point de vue adopté) ayant un cycle de même durée, qui sont : le *digabona*, le *darancoba* et le *tchoumo* et, à Kouré, certaines variétés nouvellement introduites par les services techniques. Certaines de ces variétés résultent en effet d'emprunts plus ou moins récents (une vingtaine d'années pour le *tchoumo* et le double pour le *darancoba* à Alzou) alors que d'autres ont disparu localement, en liaison avec les graves épisodes de sécheresse ou la dégradation des sols (LUXEREAU, 2002). Toutes ces variétés sont différenciées sur la base d'un petit nombre de caractères (tabl. II).

Certains de nos interlocuteurs classent les *soun* des poquets dans des sous-catégories définies en relation avec les variétés cultivées dans le champ (*soun-darancoba*, *soun-haini kiré*, *soun-somno*...). Cette classification n'a pas de conséquences sur les pratiques.

Mis à part quelques agriculteurs qui collectionnent plusieurs variétés ou ont spécialisé leur production autour d'une seule, le but de la

[3] Tandis que les *Pennisetum pedicellatum* (appelés *borboto*) sont franchement exclus de cette catégorie englobante.

[4] Ils ont été introduits par un Projet en 1984 puis perdus et réintroduits en 2001 après la sécheresse de 2000. Seuls 3 des agriculteurs suivis les ont conservés dans leurs stocks de semences pour 2002.

Caractère	*Hainikiré*	*Darancoba*	*Tchoumo*
Extrémité de la chandelle	stérilité apicale	rond même si apparent	stérilité apicale
Base	lâche	régulière	
Forme de la graine	pointue	ronde	ronde
Couleur des graines	ocre mais aussi noire	pâle, bicolores	noire
Rachis	pâle et fin	pâle et plus épais	noir et épais
Longueur des pédicelles	plus longs	courts	plus longs
Dernière feuille	exertion non complète	exertion complète	
Forme et longueur de la chandelle	plus longue et plus étroite	moins longue	bien plus longue
Cycle		plus précoce d'1 semaine	plus précoce de 2 semaines
Qualité de la farine	blanche	blanche	grise

I Tableau II
Critères de reconnaissance et différenciation entre variétés déterminés au cours des enquêtes.

majorité est de conserver un peu de toutes mais sans que leur proportion soit un réel critère des sélections. La plupart d'entre eux estiment d'ailleurs qu'au fil des années, toutes ces variétés deviennent du *haini kire* (« qui est le plus fort »). Ils sèment, dans leur très grande majorité, l'ensemble des *haini kiré* en mélange et certains y ajoutent aussi des *somno*. Les cultures monovariétales ne sont fréquentes qu'au stade de l'expérimentation d'une variété nouvelle mais rares ensuite. Par ailleurs les parcelles sont jointives et n'empêchent nullement les hybridations entre variétés ni entre les *haini*, les *soun* et les *sounsouna* lorsqu'ils existent (à Alzou).

Diversité morphologique

L'analyse de variance (2 facteurs croisés : variété et bloc), réalisée sur les données morphologiques de l'essai agronomique, a confirmé que les variables les plus discriminantes entre variétés sont celles qui décrivent la morphologie de la chandelle, la couleur et le poids des grains et la précocité. Les valeurs de F associées à l'effet « variété » sont hautement significatives pour ces variables ($p < 1$ ‰). La comparaison des moyennes a toutefois montré que les variétés se répartissent en un nombre très limité de groupes homogènes (de 2 à 4 groupes seulement), les variables du format de la chandelle séparant le plus les différentes variétés. Par exemple, entre HK et D issus de la semence sélectionnée par A (AHK et AD), seules les variables de format de la chandelle permettent d'observer des différences significatives. Nos résultats ne corroborent donc que partiellement le pouvoir discriminant des critères de distinction donnés par les agriculteurs. De même, les variables qualitatives de distinction des variétés (couleurs et forme des grains), montrent elles aussi des distributions significativement différentes entre variétés, malgré un polymorphisme intra-variétal important. En revanche, les variables mesurées au stade juvénile ont révélé systématiquement des effets blocs et/ou des interactions blocs/variétés très significatifs même si, pour certaines d'entre elles, l'effet variété était significatif. Ce résultat montre l'importance des conditions de croissance, souligné par les agriculteurs, sur l'expression de ces caractères. Il faut d'ailleurs souligner que ces variables ne sont pas utilisées par eux comme critères de distinction, ni entre variétés ni même entre *soun* et plantes cultivées dans les poquets. De plus, les corrélations intra-variétales entre les caractères mesurés au stade juvénile et les caractères mesurés à maturité restent très faibles, et souvent non-significatifs à l'exception de la corrélation entre le nombre de talles basales aux deux stades (valeur observée la plus forte = 0,66).

Les résultats ont aussi montré que les différences morphologiques moyennes entre plantes à phénotype domestique des différentes variétés de même groupe de précocité et échantillonnées chez un même agriculteur restent relativement faibles (exemple : CHK/CD/CS ; AHK/AD ; KSB/KSD). Hormis la précocité de floraison, la distinction entre *somno* tardifs et le groupe des HK ne se fait que pour le poids des grains (celui des *somno* étant significativement inférieur, même si les chandelles sont un peu plus longues et un peu plus fines que la moyenne des variétés).

La différence de précocité des *somno* de Kouré et le groupe des HK est très importante (entre 87 et 90 jours pour les premières et entre 67 et 71 jours pour les dernières). Mais l'étalement des floraisons est très large (résultat non illustré). Les *somno* de Kouré contiennent des plantes (hors *soun*) plus précoces que la moyenne des HK.

Enfin, la floraison des *soun* est à chaque fois très concordante avec la floraison des plantes de leurs variétés. Il n'y a pas de différences significatives dans les dates moyennes de floraison entre *soun* et plantes à phénotype cultivé de même groupe de précocité, les distributions se recouvrant aussi très largement (résultat non illustré).

Organisation spatio-temporelle de la variabilité génétique

Les agriculteurs qui effectuent une sélection de leur semence à la récolte, le font sur les chandelles rassemblées au pied des greniers[5]. Les *soun*, égrenant tout de suite, y participent donc fort peu mais les chandelles de « mil féminin », également en partie égrenantes, peuvent y participer. Cette sélection est loin d'être une règle et semble être liée à la diminution des récoltes ; plus de la moitié des agriculteurs suivis continue à constituer (ou compléter) ses bottes de semences juste avant la période des semis, en puisant dans le reste de la récolte engrangée[6]. Les critères de sélection portent essentiellement sur la taille et le remplissage des chandelles et des grains mais la réduction des récoltes amène les agriculteurs à être moins regardants sur la qualité de leur sélection.

Les sécheresses récurrentes contribuent, en synergie avec la désacralisation de l'agriculture, à imposer un recours fréquent aux semences extérieures qui touche tous les agriculteurs à terme plus ou moins rapproché en fonction de leur niveau d'autosuffisance (en relation avec la taille et la qualité des fonds, l'accès à la main d'œuvre et aux outils)[7]. Ils ont d'abord recours à des dons, socialement obligatoires, de parents et voisins. Ces échanges peuvent déborder le cadre du village mais la préférence est donnée aux réseaux proches, fournissant des semences “adaptées aux condi-

[5] Et non sur la plante entière au champ, donc ni sur sa vigueur ni sur des caractères de précocité.

[6] Ce qui a également pour effet d'éradiquer les épillets égrenants.

[7] Un seul agriculteur d'Alzou (descendant des lignages fondateurs, bénéficiant de grands champs de qualité, d'une main-d'œuvre abondante et

tions de notre sol et de notre climat". Dans un second temps, ils achètent leur semence, de préférence en chandelles afin d'en contrôler la qualité, mais également en vrac, de qualité bien plus variable. Les circuits marchands débordent en effet la petite région et si les agriculteurs savent reconnaître leur variété de *haini kiré* (entendue comme englobante) ils n'en maîtrisent nullement la provenance. Ce commerce est éclaté entre des femmes qui viennent vendre de petites quantités de mil local (provenant parfois de leur dotation c'est-à-dire de chandelles mal formées voire de gros *soun*) et de gros commerçants professionnels qui stockent (quelquefois sur plusieurs années) des grains pouvant provenir de plusieurs centaines de kilomètres. A titre d'exemple, l'agriculteur A avait, en 2000, des semences provenant de 7 sources différentes.

Le tableau III présente les résultats obtenus à partir des analyses des échantillons 1999 et 2000 d'Alzou (32 locus polymorphes). Il montre que les populations HK cultivées par les différents agriculteurs sont globalement très peu différenciées malgré ces modes de gestion de la semence diversifiés. La figure 2 montre que cette conclusion doit être modulée selon l'année considérée : la différenciation entre les échantillons HK récoltés en 2000 est nettement plus grande que celle observée entre les échantillons de 1999. Ceci est vrai également pour la variété D. De plus, on constate que les variétés HK et D cultivées par A en 1999 sont nettement différenciées des mêmes variétés cultivées par le même agriculteur l'année suivante. La figure 2 montre aussi que les apports extérieurs de semences chez A et C sont nettement différents des lots de semences récoltés l'année précédente et auxquels ils ont été ajoutés pour le semis 2000. Nous n'avons pas pu quantifier la part de ces apports extérieurs dans la semence 2000 mais il est probable, compte tenu de ces résultats, que ces apports représentaient une part significative de cette semence et

de solides revenus extérieurs) affirme être autosuffisant en semences depuis 10 ans ; mais en 2001, à la suite de 3 semis avortés, il a dû également se procurer un complément de semences. Les déterminismes sociaux sont complexes : les "petits" exploitants qui cumulent les handicaps et entrent dans une spirale de non autosuffisance en nourriture comme en semences peuvent être des Peul non propriétaires, des descendants d'esclaves mais aussi des lignages fondateurs mal dotés en terres et en main-d'œuvre.

Variété(s) considérée(s)	Sources de variation	% de la variance totale	F statistiques	P
HK	Entre les agriculteurs Entre les années/agriculteur Parmi les années (niveau intra-population)	- 4,27 % 20,34 % 83,94 %	Fct = - 0,043 Fsc = 0,195 Fst = 0,161	p = 0,7521 p < 0,005 p < 0,005
HK + D	Entre les variétés Entre les années/variété Parmi les années (niveau intra-population)	- 3,18 % 7,53 % 95,65 %	Fct = - 0,032 Fsc = 0,073 Fst = 0,043	p = 0,6932 p < 0,005 p < 0,005

I Tableau III
Résultat de l'analyse de variance moléculaire (AMOVA), des populations en fonction des agriculteurs et des années (obtenue avec 132 individus), et en fonction des variétés et des années (obtenue avec 181 individus). P représente la valeur de probabilité associée au rejet de l'hypothèse nulle (contribution du facteur testé à la variance totale observée = 0). Cette valeur a été calculée sur la base de 1000 échantillons obtenus par permutations aléatoires des données initiales.
[L'AMOVA est une méthode de décomposition de la variation moléculaire observée, analogue à une ANOVA (modèle hiérarchique) classique, mais basée sur les valeurs des distances génétiques inter-individuelles, donc prenant en compte l'information apportée par l'ensemble des marqueurs (ici, AFLP)].

expliquent donc l'effet année observé chez ces deux agriculteurs pour HK et D. D'une façon générale, le facteur temporel semble être le principal responsable de la structuration observée même si celle-ci reste faible et si cet effet varie considérablement selon les agriculteurs. Les analyses de variance moléculaire ont permis de montrer que pour la variété HK l'effet « année » explique 20 % de la variabilité génétique totale tandis qu'il n'explique que 7,5 % pour HK et D ensemble.

La différenciation génétique entre variétés est également très faible mais varie selon les agriculteurs qui les cultivent. Au plus, 5,6 % de la variabilité génétique totale est expliquée par les différences entre variétés sauf chez A entre HK et D quand on cumule les données sur les échantillons des récoltes 1999 et 2000 (20,5 % de la variation totale est alors imputable aux différences entre variétés). Cela est essentiellement dû à la contribution des échantillons de 2000 (fig. 2). Ces conclusions devront toutefois être étayées par l'analyse d'un plus grand nombre de marqueurs.

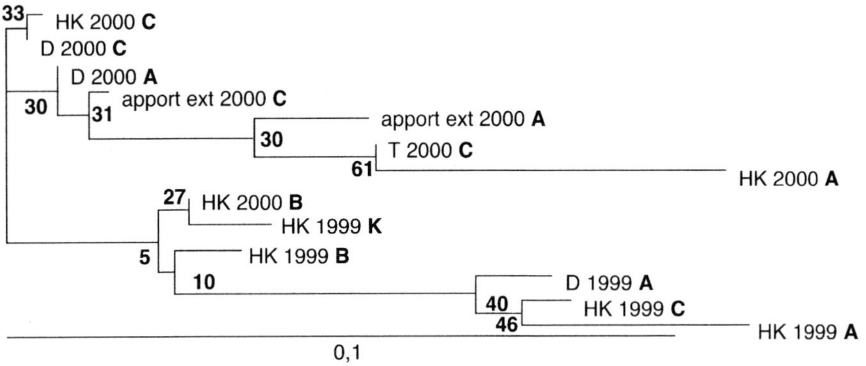

Figure 2
Arbre construit à partir de la matrice des distances DAS inter populations (JIN et CHAKRABORTY, 1994), par la méthode de « neighbour-joining ».
Une vingtaine d'individus par population a été analysée.
Les lettres en gras correspondent aux agriculteurs.

L'analyse des seules données 2000 (147 locus polymorphes) qui inclut des échantillons collectés dans d'autres villages, et d'autres échantillons de Kouré montre que seulement 17,6 % de la variabilité génétique totale sont dus à la variation entre régions.

Relations génétiques entre formes domestiquées et formes sauvages

Perception et catégorisation des *soun*

Dans tous les champs paysans, on retrouve des *soun* dans les poquets, donc a priori issus de la semence, et en dehors des poquets parmi les plantes qualifiées de *zarow* (litt. hors poquets), issues de repousses spontanées. La classification paysanne n'oppose pas de manière exclusive les formes domestiques, les *soun* et les sauvages : « Les *soun* proviennent des mils. Même si tu fais très attention à ne semer que des bons grains, tu trouveras des *soun* dans les poquets ». Nos expérimentations ont montré que le pourcentage de *soun* dans les semences des différentes variétés locales variait de 7,6 à 31,1 %, les taux les plus importants étant observés chez l'agriculteur C. Les semences de *somno* tardifs (KSB et KSD) contiennent autant de *soun* que le groupe des HK. Toutes les formes intermédiaires (mils féminins, *soun*) sont différenciées selon le degré de caducité des épillets et le remplissage des chandelles. Une partie des agriculteurs estime que, dans de bonnes conditions, des grains de *soun* sont susceptibles de donner une descendance de type domestique. Des expérimentations menées sur des descendances iso-femelles de plantes de type *soun* et sauvage récoltées en bordure de champ ont d'ailleurs montré que les chandelles obtenues présentaient des phénotypes fort diversifiés. Ceci est concordant avec l'hypothèse classique d'interprétation des plantes à phénotype intermédiaire domestique/sauvage comme étant issues d'hybridations entre les deux formes. Les *soun* correspondent à des structures génétiques recombinantes et non fixées, ce qui entraîne une ségrégation importante des caractères de domestication dans la descendance. En revanche, les plantes hors-poquets (notées *soun*-HP) ont un statut particulier. Les agriculteurs estiment qu'elles proviennent en majorité de *soun* des poquets qui ont égrené spontanément et qu'au fil de réensemencements successifs, ces plantes vont évoluer vers le type sauvage. Par ailleurs, ils ne connaissent pas le mode de reproduction des mils. La perception est donc celle d'une dégénérescence depuis les mils jusqu'aux formes sauvages, due essentiellement aux conditions de croissance et non à des phénomènes de pollinisation et de ségrégation des caractères dans la descendance.

Pratiques culturales et élimination des *soun*

Les travaux de démariage et de sarclage prennent toute leur importance dans cette perception des relations entre les plantes : pour les agriculteurs, celles qui ont subi un stress hydrique et qui sont en concurrence dans des poquets trop denses sont censées fournir des chandelles qui évoluent vers le *soun* puis vers le *sounsouna*. Le premier sarclage-démariage a pour objectif d'éradiquer les plantes hors poquets et de diminuer le nombre de plantules dans les poquets mais, dans la pratique, cet objectif n'est qu'imparfaitement atteint. Le but est de le réaliser le plus rapidement possible pour éviter la concurrence entre les mils et les adventices (dont les resemis spontanés sont très invasifs). Or, au stade juvénile, il n'existe pas de critères francs de reconnaissance et certaines plantes hors-poquet à grosse tige, considérées comme devant donner de bonnes chandelles, sont épargnées. Enfin si tout le monde s'accorde pour affirmer que le sarclage était mieux réalisé auparavant, lorsque l'honneur des agriculteurs était attaché au soin des champs et la main-d'œuvre plus nombreuse dans les grandes familles, les enquêtes montrent que ces affirmations méritent d'être nuancées. La péjoration climatique actuelle accroît l'importance des *soun*, mûrs au moment de la soudure alimentaire et qui constituent avec les chandelles mal formées, la dotation personnelle des femmes (qu'elles pourront d'ailleurs revendre sur les marchés ou auprès de commerçants). Ces éléments expliquent que des mils hors-poquets existent dans tous les champs, selon des proportions très inégales selon la situation des exploitants (résultats non illustrés).

Diversité morphologique et variabilité génétique des *soun* et mils sauvages *in situ*

La figure 3 montre la projection des plantes échantillonnées dans le champ de A et mesurées pour les caractères post-récolte, sur le plan défini par les deux premiers facteurs d'une analyse en composantes principales. L'appartenance des plantes aux différentes catégories a été déterminée par les agriculteurs. Le 1er axe est interprétable comme un axe de domestication. Il oppose en effet des plantes à chandelles longues et larges, avec un rachis de gros diamètre et portant de gros grains, avec des épillets à long pédicelle et non caduques (donc de type domestique), à des plantes de type sauvage (caractères opposés). On constate que les différentes catégories de *soun* sont hétérogènes sur le plan morphologique mais qu'elles sont malgré tout relativement bien différenciées les unes des autres, tout au moins pour certaines d'entre elles (ce qui est confirmé par l'analyse de variance). Les plantes appartenant aux différentes catégories correspondent donc à différents niveaux d'introgression phénotypique par la forme sauvage. Le groupe des mils féminins (*haini wai*) notamment est composé de plantes significativement plus proches des formes domestiquées mais avec des chandelles plus courtes, moins compactes, plus égrenantes et avec des grains moins apparents. A l'opposé les *soun*-HP sont morphologiquement beaucoup plus proches des sauvages. Ils sont notamment plus égrenants. Nous avons pu observer qu'ils développent aussi plus de talles (données

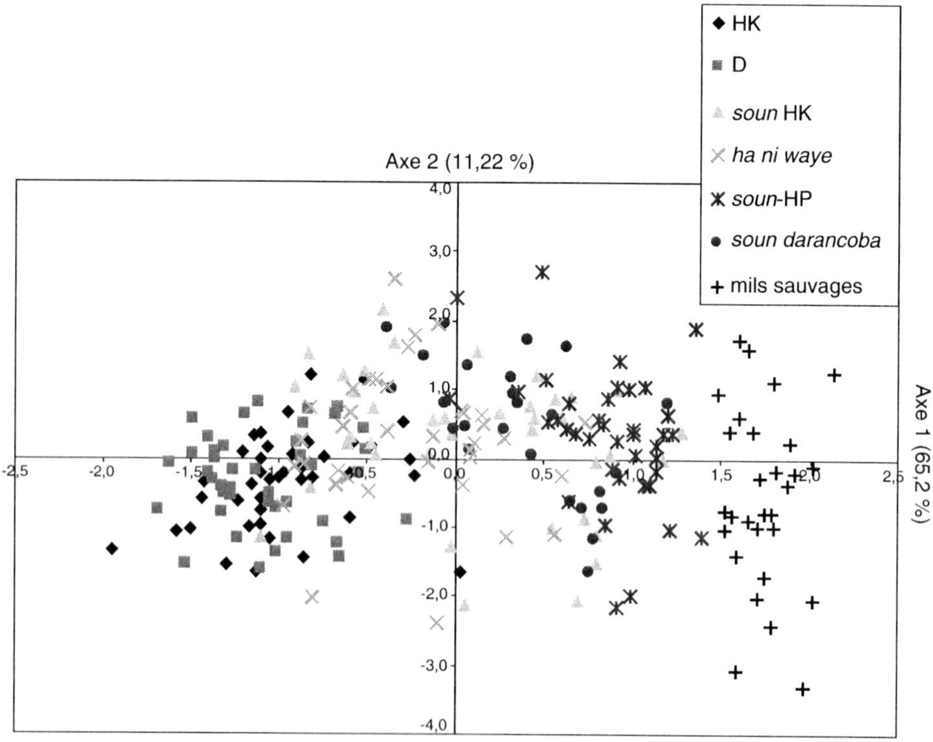

Figure 3
Plan 1,2 d'une analyse en composantes principales réalisées sur les valeurs pour les caractères morphologiques post-récolte de la chandelle et de l'épillet des plantes mesurées *in situ* dans le champ de A. Les variables contribuant le plus à l'axe 1 sont : le diamètre de la chandelle (- 0,90), le diamètre du rachis (-0,92), la longueur de la chandelle (-0,88), et la note de caducité (+0.91). Celles contribuant le plus à l'axe 2 sont : la longueur des glumes (-0,87) et la longueur des soies de l'épillet (-0,63). Les chiffres entre parenthèses sont les coefficients de corrélation entre les variables et les composantes principales définissant les deux premiers axes. Les *soun haini kiré*, *soun darancoba* et *haini wai* sont des plantes identifiées dans les poquets.

non illustrées). On ne peut toutefois exclure que ces différences proviennent en partie directement des conditions de croissance qui diffèrent notablement entre plantes poussant dans les poquets et plantes hors poquets. L'intensité des compétitions est sans doute plus forte dans les poquets au démarrage de la culture, ce qui peut avoir des conséquences sur certaines caractéristiques morphologiques, telles que le tallage.

Les analyses individuelles à partir des données AFLP ont montré que les plantes sauvages constituent un groupe homogène, légèrement différencié du reste malgré la situation de sympatrie avec les formes domestiquées et les *soun* (résultats non illustrés). Une partie des *soun*-HP est génétiquement proche des formes sauvages. Le reste des *soun*-HP, et l'ensemble des autres catégories phénotypiques (cultivées D et HK, *soun* dans les poquets) ne révèlent aucune organisation sous-jacente de la variabilité génétique. Il n'existe donc globalement aucune relation entre la classification des agriculteurs basée sur les caractères morphologiques des différents types de plantes et la structure de la variabilité génétique. Cette conclusion est également vraie pour le village de Kouré. L'analyse de variance moléculaire a montré que seulement 3,85 % de la variabilité génétique totale observée sur les échantillons de ce village est due aux différences entre groupes (cultivé/*soun*-poquets/*soun*-HP).

La figure 4 montre qu'une partie des *soun* d'Alzou (dans et hors-poquets) est génétiquement plus proche de ceux de Kouré que de la population sauvage avec laquelle ils voisinent. On constate aussi que les différences génétiques entre HK et le *somno* de Kouré (à floraison tardive) sont très réduites malgré la différence importante de précocité moyenne de ces deux groupes variétaux.

Discussion

Flux de gènes et différenciation intra et inter-variétale

Les marqueurs AFLP ont montré que la variabilité génétique révélée au niveau intra-variétal est relativement peu structurée (peu de différenciation inter-agriculteurs, très peu entre villages). En revanche, les niveaux de structuration sont variables quand on les compare entre deux années successives, démontrant ainsi l'importance effec-

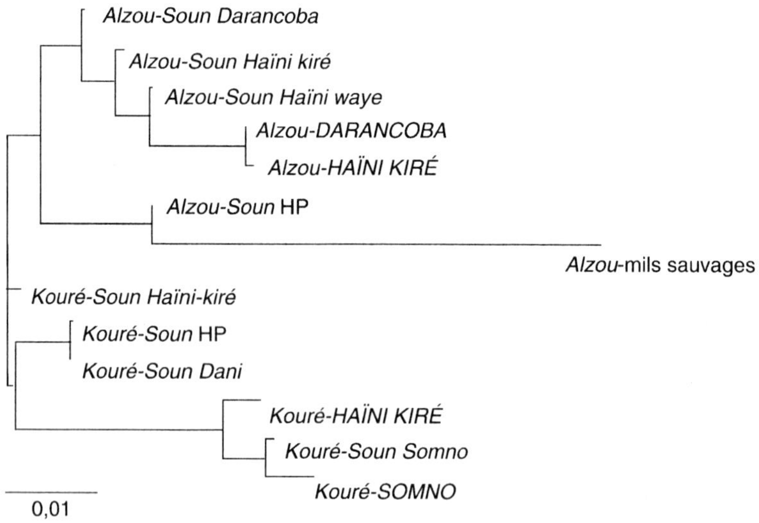

Figure 4
Arbre non enraciné construit à partir de la matrice des distances DAS entre catégories phénotypiques (JIN et CHAKRABORTY, 1994), par la méthode de " neighbour-joining ". Une vingtaine d'individus par population a été analysée. Les *soun* dani sont des *soun* hors-poquets avec une architecture proche du type sauvage (beaucoup de talles, chandelles petites, etc.).

tive des flux de gènes à l'échelle régionale. La comparaison de la variabilité génétique des apports extérieurs et des semences propres démontre l'importance de ces apports dans ce processus. De plus, à la récolte, plusieurs centaines de chandelles (et donc des milliers de grains) constituent le stock de semences. Les effets de dérive génétique sont donc très faibles à court terme, et ne peuvent expliquer un tel changement d'une année sur l'autre. Les variétés sont aussi très peu différenciées génétiquement les unes des autres, révélant une faible correspondance entre la classification établie par les agriculteurs sur la base de critères morphologiques et la diversité observée au niveau de marqueurs neutres. BUSSO *et al.*, (2000) ont obtenu des résultats assez différents des nôtres dans deux localités du Nord-Est du Nigeria chez plusieurs agriculteurs. Ils montrent que la diversité génétique est moins forte entre variétés différentes prises chez un même agriculteur que pour une même variété prise chez deux agriculteurs différents. Ceci pourrait s'expliquer par le fait que les agriculteurs dans cette région subissent moins les contraintes de sécheresse que dans les régions où nous avons travaillé (particulièrement à Alzou) et sont ainsi plus autosuffisants en semences. Ceci souligne donc la diversité des situations et l'importance d'étudier l'évolution des pools génétiques à une échelle très locale. Cette absence de différenciation se retrouve aussi lorsqu'on compare les variétés précoces et tardives. Leurs périodes de floraison se chevauchent assez largement, que ce soit en conditions expérimentales ou bien *in situ* où la pratique des resemis renforce le phénomène. Les pratiques culturales favorisent largement la proximité des différentes variétés, qu'elles soient précoces ou tardives, au moins au niveau de champs voisins et parfois même au sein des poquets (semis en mélange). Des hybridations inter-variétales importantes lors de la période de culture sont donc très probablement à l'origine de l'absence de différenciation génétique inter-variétale à l'échelle du village. Elles expliquent aussi le polymorphisme intra-cultivar pour les critères de distinction entre variétés qui sont utilisés par les agriculteurs. Les résultats des données morphologiques montrent que le tri qu'ils exercent au moment du choix des chandelles permet une sélection disruptive efficace. En effet, les caractères de distinction des variétés D et HK donnent des différences significatives entre les moyennes des plantes déterminées au champ, par les agriculteurs, comme étant représentatives de chacun de ces deux groupes. Malgré cela, la distribution des caractères dans les deux groupes se recouvrent largement. Ces différences se retrouvent aussi chez les descendants à phénotype domestiqué issus de la semence sélectionnée à la récolte pour ces deux variétés. Compte tenu des échanges génétiques entre variétés, il est probable que le nombre de gènes cibles de cette sélection soit réduit. Ainsi, la différenciation sur le plan morphologique pourrait être maintenue malgré les flux de gènes entre variétés et les recombinaisons qui en découlent. Ce maintien de la distinction entre variétés nécessite pourtant que la sélection puisse être réellement effective sur le long terme.

Les conditions écologiques défavorables (sécheresses récurrentes) imposent à l'ensemble des agriculteurs un recours accru aux semences extérieures en complément (ou parfois même en remplacement) de la semence issue de leur précédente récolte. Ce phénomène concerne toutes les variétés. Les sources de semences sont multiples et largement réparties au niveau géographique. Les réseaux d'approvisionnement des différents agriculteurs finissent tous par s'entrecroiser et les flux de gènes intra-variétaux s'effectuent sur une large échelle géographique. L'élargissement de la zone d'étude, l'analyse des échantillons collectés sur les marchés où sont vendus des semences et des enquêtes sur leur origine, devraient permettre d'avoir une vision plus globale de ces flux de gènes à l'échelle régionale.

Enfin, le maintien de la différenciation de précocité moyenne entre les groupes de HK et de *somno* soulève une interrogation. La grande proximité génétique sur la base des marqueurs moléculaires entre ces deux groupes variétaux atteste de l'existence de flux de gènes qui sont rendus possibles par le recouvrement partiel des périodes de floraison. La sélection des semences par les agriculteurs ne s'opère qu'au grenier et donc sur des caractères post-récolte (belles chandelles avec des grains bien remplis), et non sur la précocité de floraison. Une sélection disruptive par auto-stop ciblée sur les caractères de choix de la semence pourrait maintenir une différenciation tardifs vs précoces. L'analyse des corrélations entre le délai semis-épiaison et les caractères de choix des semences, effectuée au sein des groupes variétaux tardif d'une part et précoce d'autre part, ne confirme pas cette hypothèse. En effet, dans le groupe des variétés tardives, ces corrélations sont soit non-significatives, soit peu importantes et dans ce cas ne vont pas dans le sens escompté. Chez KSD par exemple, les corrélations les plus fortes sont obtenues avec le poids des grains (0.54). Les corrélations observées au sein des variétés précoces vont d'ailleurs dans le même sens. Une sélection des chandelles possédant les grains les plus gros devrait donc se traduire par une augmentation de la précocité et irait donc dans le sens d'une convergence des périodes de floraison entre variétés précoces et tardives. Une ANOVA a également montré qu'il n'y avait pas de liaison statistique entre la couleur des grains et la précocité.

*Les relations génétiques sauvages-*soun*-domestiqués*

Les taux de *soun* dans les semences peuvent parfois être très importants, jusqu'à 30 % dans les échantillons que nous avons pu analyser. Ces chiffres corroborent ceux obtenus dans d'autres régions du

Niger (NDJEUNGA, 2002). Il existe un large recouvrement entre la floraison des *soun* et celle des plantes à phénotype domestiqué (précoces et tardives), autorisant les flux de gènes. La convergence phénotypique pour la période de floraison des *soun* et des plantes cultivées provenant de la même semence s'explique très probablement par l'existence de croisements par homogamie liée à la date de floraison entre plantes cultivées et *soun* ayant produit ces semences. Les données moléculaires confirment l'existence de flux de gènes entre *soun* et plantes à phénotype « domestiqué ».

L'étalement important de la floraison des *soun*-HP pourrait leur conférer le rôle de « relais » pour des flux de gènes indirects entre variétés précoces et tardives, mais aussi entre sauvages et mils cultivés. La présence de nombreux *soun* représente donc une menace quant à l'intégrité phénotypique des variétés cultivées. Les corrélations entre les caractéristiques au stade juvénile et à maturité des *soun* et des plantes de type domestiqué restent faibles, mis à part pour le tallage basal. La prédiction de l'architecture d'une plante (tallage aérien, format de la chandelle, caractéristiques des épillets) à l'âge adulte à partir de ses caractéristiques juvéniles est donc un exercice très aléatoire auquel les agriculteurs ne se prêtent d'ailleurs pas. Une éventuelle sélection discriminante précoce au stade du démariage, basée sur les caractéristiques des plantules et dont l'objectif serait de supprimer les *soun*, serait probablement très peu efficace. La faiblesse de ces corrélations pourrait s'expliquer par les ségrégations indépendantes des QTLs impliqués dans les caractères mesurés au stade juvénile et ceux concernant les caractéristiques de la plante adulte, ce qui a déjà été montré dans des croisements domestiques x sauvages chez le mil (PONCET *et al.*, 2000).

La gestion de la semence est sans doute un facteur fondamental pour expliquer la présence à un tel niveau de *soun* dans les champs des agriculteurs. La semence extérieure peut provenir de marchés éloignés et peut être de médiocre qualité, pouvant provenir pour partie de chandelles de *soun*. De plus, même dans la semence sélectionnée, il existe des grains qui donneront des *soun* car issus de croisements entre la plante dont la chandelle a été choisie et des *soun*, voire des mils sauvages. Il est très probable que la dissémination des *soun* a lieu de façon très large au niveau régional via les flux de semences. La grande quantité de *soun*-HP dénombrés avant sarclage dans les champs des agriculteurs montre clairement que la banque de graines du sol est importante, ce que prennent en compte les savoirs locaux. Les plantes *soun* dans les poquets sont généralement plus proches des phénotypes domestiqués que les *soun* hors poquets car ils sont tous issus de « mères » à phénotype domestiqué, sélectionnée au moment du choix de la semence. Des croisements entre *soun* contribuent aussi et sans doute très largement, à la constitution de la banque de graines du sol. Les marqueurs AFLP ont aussi montré que les *soun*-HP sont génétiquement plus proches des sauvages avec lesquels ils sont en sympatrie que ne le sont les *soun* dans les poquets. Lorsque des mils sauvages sont présents au voisinage des champs, des croisements *soun* x sauvages doivent également participer à la constitution de la banque. Comment expliquer le maintien des *soun* en absence des formes sauvages ? L'effet de la sélection des agriculteurs au moment de la constitution de la semence n'est peut être pas suffisant pour enrichir, à chaque génération, les « populations » de *soun* en allèles « domestiques » et donc conduire vers une évolution progressive de ces formes vers des types plus domestiqués. En effet, les formes les plus égrenantes vont contribuer plus que les autres à la banque de graines du sol. On ne peut pas exclure non plus, à l'instar de ce que nous disent les agriculteurs que les différences morphologiques importantes entre *soun*-HP et *soun* dans les poquets soient en partie l'expression d'une certaine plasticité phénotypique en réponse aux différences de conditions de croissance des plantes.

Conclusion

En conclusion, nous montrons que les pratiques agricoles, bien que diversifiées, favorisent à plus ou moins court terme des brassages génétiques très larges, aussi bien au niveau de la parcelle via les hybridations, qu'au niveau du village et même de la région via les flux de semences. Ces derniers sont, d'après nous, la cause majeure de l'absence de différenciation intra-variétale inter-agriculteurs et même inter-villages. L'absence de différenciation génétique entre variétés démontre aussi l'importance quantitative des flux de gènes par le biais des hybridations. Par ailleurs nous pensons que la dissémination des *soun* a lieu de façon très large au niveau régional via ces flux de semences et expliquerait leur abondance et leur large répartition dans les champs de la région alors que la répartition des populations sauvages est beaucoup plus restreinte. Les flux de semences croissent en quantité du sud (régions moins déficitaires et où il n'y a pas de formes sauvages) vers le nord. Ainsi, l'interrogation subsiste quant à l'origine des *soun* présents dans des semences venant de zones où il n'y a pas ou plus de formes sauvages. On ne peut toutefois exclure que des évènements de fondation à partir de grains venus de zones où les formes sauvages sont présentes, suite à des approvisionnements attestés lors de sécheresses localisées, soient à l'origine de ces populations. Le développement de celles-ci aurait été (et serait encore) assuré par une forte capacité aux resemis spontanés et la diffusion via les flux de semences.

Bien que les agriculteurs gèrent leurs variétés de manière séparée, la conjugaison d'une gestion des semences moins autarcique qu'auparavant, des pratiques culturales et du système de reproduction de l'espèce, très allogame, conduit à un processus d'homogénéisation forte, au niveau régional, des pools génétiques cultivés. Sur le plan morphologique, les distinctions phénotypiques entre variétés sont pourtant réelles, mais ne concernent qu'un nombre très limité de caractères post-récolte. Il est vrai que la variation phénotypique importante présente dans les pools cultivés localement permet une sélection disruptive par le choix des phénotypes les plus différenciés, sélection n'ayant de répercussion que sur les caractères cibles de la sélection et ceux qui leur sont liés. La grande majorité des marqueurs moléculaires utilisés ici ne sont donc pas concernés par ces sélections. Toutefois, les semences apportées de l'extérieur ne sont pas toujours issues de chandelles sélectionnées. Bien que nous sachions que ces apports croissent en quantité et en régularité, il est difficile d'apprécier réellement, à travers l'évocation, de la part des agriculteurs, des performances passées de leurs pratiques, si nous sommes en face d'un processus récent et évolutif ou bien d'un état d'équilibre dynamique qui perdure depuis des décennies. Dans la première hypothèse, le processus d'homogénéisation par les flux de gènes pourrait avoir pour conséquence une déstructuration rapide des qualités d'adaptation locales des variétés. L'introgression par des gènes des formes sauvages dont la présence des *soun* est une manifestation pourrait à l'extrême conduire à une « dé-domestication » du mil dans ces régions soumises à des pénuries de production chroniques et donc participer à l'aggravation du phénomène. L'érosion pour les capacités adaptatives pourrait donc être réelle mais doit être évaluée concrètement. La réflexion des agriculteurs, pour qui « au fil des années, le *haini kiré* est le plus fort », peut laisser penser que des flux géniques importants sont effectifs depuis de nombreuses années et que peut-être, la deuxième hypothèse est plus vraisemblable.

Dans ce cas, cette réflexion amène à se poser la question : les flux de gènes inter-variétés peuvent-ils conduire à une convergence phénotypique vers le type haini kiré ? Sans doute oui, si cette variété est, comme c'est le cas dans la région où nous avons travaillé, largement majoritaire dans les champs. Elle contribue ainsi sans doute plus que les autres, aux nuages de pollen impliqués dans les hybridations inter-variétales.

L'ambition de telles analyses fondamentales est d'apporter à la communauté des gestionnaires et chercheurs concernés par les actions de conservation des ressources génétiques des éléments de réflexion sur les mécanismes qui sous-tendent les niveaux de diversité observés et leur organisation. Elles peuvent aussi, nous semble-t-il, permettre d'identifier les mécanismes essentiels à une préservation de la diversité aux différents niveaux de perception (agro-morphologique, génétique) et ainsi aider aux prises de décision quant aux actions concrètes à engager pour la mise en place d'un plan de conservation à la ferme.

Bibliographie

BRUSH S. B., 1992 —
In situ conservation of landraces in centers of crop diversity.
Crop Sci., 35 : 346-354.

BUSSO C. S., DEVOS K. M., ROSS G., MORTIMORE M., ADAMS W. M., AMBROSE M. J., ALLDRICK S., GALE M. D., 2000 —
Genetic diversity within and among landraces of pearl millet (*Pennisetum glaucum*) under farmer management in West-Africa. *Genetic resources and Crop evolution*, 47 : 561-568.

CLÉMENT J. C., 1985 —
Les mils pénicillaires de l'Afrique de l'Ouest. Prospections et collectes. 1974-1984. IBPGR-ORSTOM, Ed. IBPGR, Rome.

ELIAS M., MCKEY D., PANAUD O., ANSTETT M. C., ROBERT T., 2001a —
Traditional management of cassava

morphological and genetic diversity by the Makushi Amerindians (Guyana, South America) : Perspectives for on-farm conservation of crop genetic resources. *Euphytica*, 120 : 143-157.

Elias M., Penet L., Vindry P., McKey D., Panaud O., Robert T., 2001b — Unmanaged sexual reproduction and the dynamics of genetic diversity of a vegetatively propagated crop plant, cassava (*Manihot esculenta* Crantz) in a traditional farming system. *Mol. Ecol.,* 8 : 1895-1908.

Jarvis D., 1999 — Strengthening the scientific basis of *in situ* conservation of agricultural biodiversity on farm. *Botanica Lithuania,* Suppl. 2 : 79-90.

Jarvis D, Hodgkin T., 1999 — Wild relatives and crop cultivars : detecting natural introgression and farmer selection of new genetic combinations in agroecosystems. *Mol. Ecol.*, Vol. 8, S159-S173.

Jin L., Chakraborty R., 1994 — Population dynamics of DNA fingerprint patterns within and between populations. *Genet. Res. Camb.*, 63 : 1-9.

Linder C. R., Taha I., Seiler G. J., Snow A. A., Rieseberg L. H., 1998 — Long term introgression of crop genes into wild sunflower populations. *Theor. Appl. Genet.*, 96 : 339-347.

Louette D., Charrier A., Berthaud J., 1997 — *In situ* conservation of maize in Mexico: Genetic diversity and maize seed management in a traditional community. *Econ. Bot.,* 51 : 20-38.

Luxereau A., 2002 — « Variation autour du mil au Niger ». *In* Chastanet M., Fauvelle F.X. et D. Juhé-Beaulaton (ed.) : *Cuisine et société en Afrique*, Paris, CRA- Karthala : 205-220.

Muller M.-H., Prosperi J. M., Santoni S., Ronfort J., 2001 — How mitochondrial DNA diversity can help to understand the dynamics of wild-cultivated complexes. The case of *Medicago sativa* in Spain. *Mol. Ecol.,* 12 : 2753-2764.

Ndjeunga J., 2002 — Local village seed systems and Pearl Millet seed quality in Niger. *Exp. Agric.*, 38 : 149-162.

Poncet V., Lamy F., Enjalbert J., Joly H., Sarr A., Robert T., 1998 — Genetic analysis of the domestication syndrome in Pearl Millet. *Heredity,* 81 : 648-659.

Poncet V., Lamy F., Devos K., Gale M., Sarr A., Robert T., 2000 - Genetic control of domestication traits in pearl millet (*Pennisetum glaucum* L., *Poaceae*). *Theor. Appl. Genet.,* 100 : 147-159.

Renno J. F., Winkel T., Bonnefous F., Bezançon G., 1997 — Experimental study of gene flow between wild and cultivated *Pennisetum glaucum* (L.) R. Br. *Can. J. Bot.*, 75 : 925-931.

Slatkin M., 1995 — Epistatic selection opposed by immigration in multiple locus genetic systems. *J. Evol. Biol.,* 8 : 623-633.

Wood D., Lenne J. M., 1997 — The conservation of agrobiodiversity on-farm : questioning the emerging paradigm. *Biodiv. Conserv.,* 6 : 109-129.

Le rôle et la participation des femmes dans le processus de conservation *in situ* de l'agrobiodiversité au Burkina Faso

B. Dossou
Généticienne

D. Balma
Généticien

M. Sawadogo
Généticien

D. Jarvis
Généticienne

Introduction

La conservation *in situ* de la biodiversité agricole en milieu paysan est aujourd'hui une approche qui valorise les connaissances des agriculteurs et permet de les responsabiliser et de comprendre les bases scientifiques de la sélection et de la conservation des variétés cultivées et maintenues depuis des siècles.

En effet, la sécheresse observée lors de ces dernières années et combinée à l'action de l'homme fait que certaines variétés sont fortement menacées de disparition ou ont déjà disparu dans les villages. Ainsi, l'expérience de conservation *in situ* qui se déroule dans neuf pays dont le Burkina Faso avec l'appui de l'IPGRI (International Plant Genetic Resources Institute) est une œuvre salutaire.

L'approche est pluridisciplinaire et multi-institutionnelle ; plusieurs institutions nationales sont impliquées dans cette action pilote : instituts de recherche, universités, ainsi que des ONG.

Les cultures concernées ici sont : sorgho, mil, arachide, niébé, gombo, fabirama (pomme de terre mossi).

La gestion de la biodiversité agricole est effectivement menée par toutes les composantes de la société (hommes, femmes, vieux, jeunes). Dans cette dynamique où des variétés sont recherchées, maintenues, échangées, rejetées, conservées, transformées, commercialisées, il convient de connaître le rôle réel que jouent les femmes.

Objectifs et pertinence de l'étude

Objectif général

Déterminer le degré d'implication des femmes dans le processus de conservation *in situ* de la biodiversité agricole au Burkina Faso.

Objectifs spécifiques

– Déterminer le pouvoir de décision des femmes dans la sélection, le maintien/la conservation, la transformation et la commercialisation des variétés dans les villages et environs.

– Evaluer la participation réelle des femmes au cours des travaux champêtres (labour, semis, sarclage, récolte, transport, décorticage, conservation des semences etc.).

– Déterminer le degré de participation des femmes dans la valorisation des produits agricoles :

* transformation

* commercialisation

– Estimer les bénéfices directs et indirects que tirent les femmes de la conservation *in situ* :

* sécurité alimentaire

* revenus monétaires
* bénéfices sociaux

Pertinence de l'étude

Une telle étude mérite d'être menée afin d'évaluer la contribution réelle des femmes et des hommes dans le processus de conservation *in situ*. Les résultats permettront de situer les responsabilités et de mieux axer/orienter les interventions afin que de nouvelles actions consolident le schéma existant. Ainsi le degré de participation des femmes dans le processus de conservation *in situ* sera connu, diffusé et pris en considération dans les statistiques et comptes de la Nation burkinabé.

Méthodologie

La collecte des données est axée sur deux démarches :
– des observations directes ;
– des enquêtes auprès des hommes et des femmes.

Ainsi, 109 femmes et 48 hommes (Mossi, Bissa, Samo, Foulsé – Kuruba) ont été enquêtés dans les villages de Médega, Tougouri, Ouahigouya, Gourga, Pobé-Mengao. A l'aide d'un guide d'entretien, des interviews individuelles et des entretiens de groupe ont été effectués.

Par ailleurs, il a été organisé des entrevues semi-structurées avec des personnes impliquées dans la mise en œuvre du Projet *in situ* : il s'agit notamment du Coordonnateur national, du Coordonnateur des sites, des chefs de sites, des techniciens agricoles et des animatrices. D'utiles informations ont été recueillies à leur niveau.

Des observations sont également effectuées directement dans les champs (différents travaux champêtres), les greniers et jarres (conservation de semences et grains), les moulins, les cuisines, les marchés (lieux de vente), quelques aires de transformations de produits agricoles (lieux de préparation du dolo, galettes, beignets, sirops, pop sorghum, gonré, etc.).

Résultats obtenus et discussion

Il ressort des entretiens tenus avec les hommes et les femmes, dont certaines sont des femmes phares[1] du village, des informations très intéressantes révélant leur contribution dans la conservation *in situ* des cultures.

Sélection et maintien des variétés

Cette activité est l'œuvre des hommes et des femmes. On note cependant des spécificités entre le choix des variétés et le sexe ; d'autres variables comme l'âge et l'ethnie interviennent aussi.

Pouvoir de décision selon le sexe

La conservation des variétés des 6 cultures citées plus haut s'effectue sous la responsabilité des hommes et des femmes et ceci différemment selon les intérêts et le pouvoir de décision.

Il ressort du tableau I que la femme a un grand pouvoir de décision dans la sélection et le maintien des variétés de gombo et d'arachide. Elle intervient moyennement pour le mil et le sorgho ; le pouvoir de sélection de la femme est faible pour le choix des variétés de niébé (pourtant ++ comme le mil et le sorgho) et nul pour le fabirama.

Le tableau II recense les noms des variétés préférées par les femmes.

Le choix des femmes mais aussi celui des hommes se basent souvent sur la précocité de la variété d'autant plus que les pluies sont rares et peu abondantes ; la sélection est aussi fondée sur le rendement du cultivar et ses qualités organoleptiques (beauté, goût, arôme, constituants, etc.).

[1] Femme phare veut dire femme détenant un certain pouvoir de décision. Elle est écoutée et s'impose.

Culture	Homme	Femme
Sorgho	+++	++
Mil	+++	++
Niébé	+++	++
Arachide	+	+++
Fabirama	+++	0
Gombo	0	+++

+++ Intervient toujours (pouvoir élevé)
++ Intervient parfois (pouvoir moyen)
+ Intervient rarement (faible pouvoir)
0 N'intervient jamais (pouvoir nul)

Tableau I
Pouvoir de décision des hommes et des femmes dans la sélection des variétés (source : enquête réalisée en juillet – août 2000).

Culture	Localité	Nom des variétés préférées par les femmes	Raisons de la préférence
Sorgho	Pobé-Mengao	Tchenminga	Couleur blanche
	Tougouri	Liougou	Couleur blanche
	Gourga	Nouougo	Couleur blanche
	Médéga	-----	A épi court blanc
Mil	Médéga	-----	Couleur jaune blanc à cycle court
	Gourga	Balbou, Barpiré	Graines blanchâtres et résistantes
	Tougouri	Gomtinini, Bagkema	Précoce, graines faciles à écraser
	Pobé-Mengao	Sambal	Très productif et de bonne qualité
Niébé	Pobé-Mengao	3 variétés	Couleur, goût, précocité
	Tougouri	Pissinou, Bingraaga	Couleur blanche et variété précoce
	Médéga	Bengatoulé	Variété blanche et précoce
Arachide	Tougouri	Balolé	Précoce et riche en huile
	Pobé-Mengao	Nassara-sounkama	Précoce et riche en huile
	Mèdéga	Djogo	Précoce et riche en huile

Tableau II
Variétés préférées par les femmes et les raisons de leur choix (source : enquête réalisée en juillet – août 2000).

Pouvoir de décision selon l'âge

Les femmes interviewées sont âgées de 17 à 90 ans et les hommes de 23 à 75 ans. Il se dégage des discussions que le facteur « âge » intervient dans la sélection des variétés. Ainsi, il est reconnu dans tous les villages prospectés que ce sont les femmes ayant plus de 50 ans qui sont les plus impliquées dans la sélection et la conservation des semences. Dans la plupart des cas, elles sont ménopausées.

D'autre part, la femme qui conserve les semences doit respecter certains interdits. Par exemple :

– le jour où la femme mettra les semences ou grains en conservation, elle ne doit pas avoir eu de relations sexuelles la veille ;

– la femme en grossesse ou la nourrice ou celle qui est en menstruation ne peut pas conserver ni toucher aux contenants (greniers, jarres, bidons, etc.) ;

– aussi, selon Mme Ouédraogo Azéto, Présidente du Groupement Naam de Ouahigouya, on ne doit pas approcher des semences ou graines à conserver du tamarin, du lait, ni de la pâte de mil ou de sorgho préparée la veille, toute conservation doit se faire en période où la lune n'éclaire pas.

Mentionnons enfin que la femme, de par son statut social, intervient beaucoup dans la diffusion/distribution et échanges des variétés : il s'agit des liens de mariage, de voisinage, des voyages, etc.

Conservation des variétés

Agents de conservation

Les femmes aident leur mari à conserver les variétés. Signalons que le mil, le sorgho, l'arachide ne requièrent pas de produits de conservation. Seules les graines de niébé et les feuilles de gombo nécessitent un traitement (tabl. III).

Les femmes utilisent aussi des produits chimiques pour conserver le niébé. A Pobé-Mengao, elles se servent de Phostoxin et de K-Othrine.

Les contenants

Les contenants sont de toutes sortes. Ils datent de 1 à plus de 200 ans, jalousement gardés par les familles ; il s'agit notamment de jarres elliptiques, ovales ou évasées ; on note aussi des bouteilles, des gourdes, des bidons, des canaris, des tonneaux métalliques ou plastiques, des greniers en banco, etc.

Nom local	Nom scientifique
Zamlukouha (mossi)	*Cassia nigricans*
Yombayougou (mossi)	*Ocimum basilicum*
Vanballè (bissa)	*Ocimum basilicum*
Lamboyga	*Boscia senegalensis*
Labouèkpga	----
Neem	*Azadirachta indica*
Potasse	
Cendres	

Tableau III
Liste de quelques plantes et substances aidant à conserver le niébé (source : enquête réalisée en juillet–août 2000).

Les techniques de conservation sont très bien connues des femmes. Généralement, elles pilent les feuilles d'une ou de plusieurs plantes et les mélangent avec les graines ; ou bien elles font des couches successives de feuilles et de graines. Les cendres et la potasse sont très souvent utilisées comme agents de conservation.

Des précautions sont aussi prises, des interdits respectés et des cérémonies (kitoaga) sont réalisées.

Mentionnons que ce sont les femmes qui entretiennent les greniers de mil. A l'aide d'un seau rempli de potasse liquide, elles mouillent tout le grenier pendant trois jours. Pour réussir cette tâche, il faut respecter des interdits comme :
– ne pas boire l'eau de la pâte délayée ;
– ne pas déposer sur les tas de mil la pâte de mil ou de sorgho.

Toutes ces connaissances endogènes sur le savoir-faire local et les interdits se transmettent entre mères et filles, belles-mères et brus, entre amies et voisines.

Participation des femmes aux travaux champêtres

Les femmes sont très impliquées dans chacun des travaux champêtres. En plus de la préparation quotidienne des repas, elles aident leur mari à tous les niveaux. Elles consacrent 70 % de leur temps à réaliser divers travaux : elles participent au labour (30 à 45 %), au semis (95 %), au sarclage (40 %), au transport des produits (45 %), au décorticage (90 %), au stockage (80 %).

En plus du champ du mari, la femme s'organise pour faire son champ de gombo ou d'arachide individuellement ou en groupement.

On constate avec ces estimations que l'on retrouve la femme sur toute la chaîne de production.

Transformation et commercialisation des produits

Transformation des produits agricoles

Selon l'enquête et les observations directes, les femmes sont largement majoritaires (95 %) dans le secteur de transformation des produits agricoles. Ce sont en fait elles qui les valorisent, bien que les procédés utilisés soient parfois artisanaux, rudimentaires. Elles donnent aux produits une certaine valeur ajoutée. En effet, le tableau IV indique les produits transformés à partir des cultures sélectionnées par le projet.

Les femmes qui transforment et vendent les produits gagnent des revenus substantiels : par exemple, le niébé acheté à 50 FCFA, puis

Culture	Produits transformés
Sorgho blanc	Tô, pâte (sagalo), cuisson des grains comme du riz (benibooré), pop sorghum, bouillie, couscous
Sorgho rouge	Tô, dolo, pop sorghum, bouillie, sirop, couscous
Mil	Couscous, dégué, mugu, zom com (boisson), bouillie, ragoût (boualbala), foura, beignets, mil écrasé assaisonné (zoumwaraka)
Arachide	Graines grillées, bouillies, pâte d'arachide, beignet (curocura), huile
Niébé	Sauce (feuilles), beignets (gonré), gonsala, kuilo, haricot cuit (benzin doun goué), haricot + riz (bennimoui), biscuits, dégué sec, couscous
Gombo	Sauces
Fabirama	Ragoût, tubercules bouillies ou frits

Tableau IV
Quelques produits transformés par les femmes à partir des 6 cultures (source : enquête réalisée en juillet - août 2000).

transformé en beignets est vendu à 250 FCFA, dont 100 FCFA de frais et 150 FCFA de bénéfice. A titre indicatif, la transformation d'une mesure (Time[2]) (tabl. V) d'arachide achetée à 1 000 F donne 2 litres d'huile vendus à 1 000 F et des galettes vendues à 1 000 FCFA ; le gain est d'environ 700 FCFA avec 300 FCFA de frais.

Culture	Prix (FCFA)
Mil	1 700
Niébé	2 500
Sorgho rouge	1 500
Sorgho blanc	1 500
Arachide	1 000

I Tableau V
Prix du Time de quelques produits vendus lors de l'enquête en juillet 2000 à Ouahigouya (source : enquête réalisée en juillet - août 2000).

Commercialisation

La commercialisation des produits agricoles est assurée à la fois par les femmes et par les hommes. Remarquons cependant que les hommes s'investissent plus dans la vente en gros et demi-gros. La vente au détail est à 95 % assurée par les femmes. Très souvent, les femmes et les hommes achètent, stockent et revendent les produits pendant les périodes de soudure, ce qui leur procure plus de bénéfices.

Ainsi, à Tougouri, la mesure du sorgho qui se vend à 150 F pendant la production est vendue à 700-750 FCFA (soit 5 fois plus chère) en période de soudure.

Quant à l'arachide, le prix est doublé ; le prix du niébé est multiplié par 2,5. Le plus spectaculaire est le gombo : le tas qui était vendu à 100 FCFA pendant la période de production est vendu à 750 FCFA à Tougouri pendant la soudure. Ce fait amène les femmes à sécher leur gombo pour en disposer pendant la période où il est rare.

La levure du dolo est un concentré de levure collectée à la base de la jarre ayant servi à préparer le dolo. Ce produit est très consommé par les populations et sert de condiment lors des grillades de poulets, pintades ; on l'utilise dans les sauces feuilles ou sauces gluantes (feuilles de baobab, crin-crin).

---

2 Time est une mesure qui équivaut à 16,66 Kg.

Les fabricantes de dolo de Médéga commercialisent la levure du dolo, ce qui leur rapporte parfois 20 000 F par mois.

Les femmes tirent énormément de bénéfices des ressources phytogénétiques. Elles y gagnent des produits pour l'alimentation, puis des revenus monétaires. Lors des investigations, on a utilisé la méthode de classement préférentiel par score pour permettre aux femmes elles-mêmes d'énumérer les différentes rubriques et de répartir leurs revenus selon leurs priorités (tableau VI).

Rubriques consacrées	%
Santé personnelle et celle des enfants	5 %
Education des enfants, fournitures scolaires	2 %
Habillement (pagnes, foulard, parures, chaussures)	13 %
Achat condiments	10 %
Epargne (tontine)	10 %
Achat d'animaux pour élevage (moutons, chèvres, poulets)	15 %
Investissement dans des activités lucratives	30 %
Charges sociales : assistance aux parents/amis ;	
participation aux fêtes et cérémonies diverses	10 %
Prêt aux tiers	3 %
Imprévus	2 %
Total	100%

Tableau VI
Répartition des revenus gagnés par la femme
(source : enquête réalisée en août 2000).

On remarque que les femmes accordent une priorité au réinvestissement de leurs revenus (30 %) dans les activités lucratives, ensuite vient l'embouche (l'élevage des animaux, 15 %), puis l'habillement (13 %). La contribution aux fêtes et cérémonies et l'achat de condiments ne sont pas négligeables (10 %).

Par contre, le quota alloué à l'éducation des enfants, le prêt aux tiers et les imprévus sont vraiment marginaux.

Conclusion

Les femmes du Burkina Faso sont très impliquées dans les différentes actions de conservation de la biodiversité agricole. Elles détiennent du savoir et du savoir-faire pour la conservation *in situ*, contribuent aux différents travaux champêtres, connaissent les techniques de transformation, les circuits de commercialisation et de distribution, maîtrisent la structure des prix. Elles en tirent de grands profits tant sur le plan alimentaire que financier. Garantes de la tradition, elles associent culture, économie et environnement pour tirer de la conservation *in situ* des bénéfices directs et indirects (argent, épanouissement social, protection de l'environnement, sécurité alimentaire).

Bibliographie

Coordination nationale du Projet *In situ* du Burkina Faso – *Rapport Technique de janvier 1999 à septembre 1999.*

De Boef Walter S., 2000 — *Tales of the unpredictable : learning about institutional frameworks that support farmer management of agro-biodiversity.* University of Wageningen.

Edwin A. Chiwona, 1999 — *On farm conservation study of associated farmers varieties in the lower shire valley, Malawi.* Department of agricultural Research and Technical Services, Malawi Plant Genetic Resources Centre.

Jarvis D., Hodgkin T., 1997 — *Strengthening the scientific basis of* In situ *conservation of agricultural biodiversity on farm. Options for data collecting and analysis.* Proceedings of a workshop to develop tools and proceedings for *In situ* conservation on farm, IPGRI, Italy.

Jarvis D., Sthapit B., Sears L., 2000 — *Conserving agricultural biodiversity* In situ *: a scientific basis for sustainable agriculture.* Proceedings of a workshop, Pokhara, IPGRI Rome.

Van Veldhuizen L. *et al.*, 1997 — Farmers' Research in Practice : Lessons from the field. *Intermediate Technology*, Publication 1997.

Wedgwood H., 1997 — Chivi food security project, a process approach. *Intermediate Technology.*

Conclusions et recommandations

Conclusions

Ces journées de réflexion ont souligné, s'il en était besoin, que si le mil est une plante majeure et d'une importance considérable pour la survie des populations qui la cultivent, il n'en reste pas moins considéré comme une plante « orpheline » de la recherche, comparée aux autres grandes céréales cultivées que sont le blé, le riz ou encore le maïs. Néanmoins, de nombreux résultats ont été présentés durant cet atelier, sur la diversité des mils mais aussi sur la dynamique et la gestion de cette diversité en milieu paysan. Au travers de certaines présentations et des échanges qui se sont développés entre les participants, on a pu noter l'émergence forte de l'approche participative, à la fois dans les sensibilités des différents acteurs et dans sa mise en œuvre. Il ressort également qu'il est évident que les recherches sur le mil doivent dépasser très largement le cadre d'études strictement génétiques afin de prendre en compte les différentes composantes de l'environnement, tant physiques qu'humaines, d'où l'importance de développer des actions de recherche pluridisciplinaires.

Plusieurs questions importantes ont émergé de ces travaux :

* quelles peuvent être les modalités de l'approche participative et comment les intégrer dans des modèles de conservation *in situ* ?

* quelle est l'importance du rôle de la production semencière au sens large (variétés améliorées adaptées aux conditions de culture et aux goûts des consommateurs, disponibilité en semences, circuits de distribution, rôle et moyens des institutions étatiques, pérennité des systèmes de production et de distribution de semences améliorées), de son impact sur la diversité des mils ?

* quelle est l'ampleur de l'érosion génétique (si elle existe réellement), quelles sont ses causes, et ses conséquences dans les agrosystèmes ? Y-a-t-il eu perte de certaines variétés (les plus tardives) ou assistons-nous uniquement à une modification de l'aire de répartition des grands groupes variétaux ?

Autant de questions auxquelles les réponses pourront être formulées par le développement d'actions pluridisciplinaires menées en partenariat par les différentes institutions de recherche, à différentes échelles géographiques.

Lors des débats, plusieurs aspects concernant ce que l'on pourrait regrouper sous le terme de « l'environnement de la recherche » ont été soulignés :

* le défaut de communication entre producteurs/consommateurs, sélectionneurs et chercheurs, et ce malgré l'existence de réseaux internationaux (ROCAFREMI pour le mil) ;

* la dispersion des efforts, conséquence d'un manque de concertation entre institutions, qui conduit à des doublons pour certains domaines d'activités et à des manques pour d'autres ;

* le potentiel offert par les progrès de la génomique ;

* le besoin de formation, et plus particulièrement dans le domaine des biotechnologies et de leurs applications en productions végétales ;

* la nécessité pour les chercheurs des pays en développement de pouvoir accéder à des outils tels que le marquage moléculaire, par la création de « plates-formes » techniques dans un ou plusieurs pays du Sud, afin d'assurer un transfert durable des nouvelles technologies appliquées à l'amélioration des productions végétales ;

* la prise de conscience du potentiel de l'approche multidisciplinaire et de ce que ce type de recherche peut apporter, tout en constatant les difficultés pour développer une telle approche du fait de l'histoire de nos disciplines scientifiques.

Recommandations

En conclusion des débats qui ont suivi les présentations orales, un certain nombre de recommandations ont été formulées :

* continuer et développer le dialogue amorcé durant l'atelier ;

* publier et diffuser les actes de l'atelier le plus rapidement possible ;

* élaborer une plaquette présentant les principaux résultats et conclusions de l'atelier dans un langage accessible au grand public afin de continuer et d'encourager le dialogue entre chercheurs et paysans ;

* développer des structures permettant l'utilisation locale des outils de biotechnologies telles que celle envisagée à Niamey sous forme

de structure mixte (recherche et formation) pluri-institutionnelle (sur la base du laboratoire développé par l'IRD) ;

* développer les ressources humaines associées à ces structures pour en assurer le bon fonctionnement (formation) ;

* développer la multidisciplinarité sciences humaines/biologie ;

* préparer des éléments de projets qui pourront être examinés et développés au cours d'ateliers de travail nationaux ou régionaux ;

* développer un (ou plusieurs) projet(s) fédérateur(s) tels que :

– « Concilier préservation de l'agrobiodiversité du mil et les impératifs de production ». Un tel projet permettrait d'utiliser les résultats des recherches fondamentales sur la diversité pour la définition de stratégies semencières ;

– « Analyse des changements dans la structuration de la diversité des mils au Niger » impliquant une comparaison de la distribution des variétés de mil au début des années 2000 (2003 ou 2004) avec celle observée lors des prospections effectuées près de trente ans plus tôt (1975-1976). Outre des généticiens, pourront être associées dans un tel projet des personnes ressources spécialisées dans les aspects qui concernent l'environnement physique, mais aussi des chercheurs en sciences humaines dont le rôle sera primordial pour l'analyse des causes des changements en rapport avec les activités humaines ;

* considérer les différentes structures permettant le développement de ces projets (type CORAF ou autres réseaux).

Des échanges scientifiques qui ont eu lieu durant l'atelier devront se dégager de nouvelles pistes de recherche et d'application des connaissances à la conservation et l'utilisation des ressources génétiques des mils. Nous souhaitons qu'elles puissent ensuite être explorées en partenariat par les participants à cet atelier.

Remerciements

Nos remerciements s'adressent en premier lieu à chacun des participants à cet atelier ainsi qu'à toutes les personnes qui ont contribué d'une manière ou d'une autre à sa pleine réussite. Nous formulons des remerciement particuliers à l'ICRISAT pour la mise à disposition de la logistique de son « Training and Visiting Center », ce qui a très largement facilité l'organisation de l'atelier, tant pour la présentation des communications que pour la restauration et le logement d'une grande partie des participants.

Enfin, nous souhaitons adresser notre plus vive et plus sincère reconnaissance à Monsieur Denis Vene, Ambassadeur de France au Niger.
Son enthousiasme à favoriser la tenue de cet atelier, mais également son souhait le plus ardent de voir se développer au Niger des recherches sur le mil qui permettront d'assurer la sécurité alimentaire à l'ensemble des populations, sont autant d'éléments favorables sur la voie du développement durable de ce pays.

Résumés

J.-P. Guengant, M. Banoin : « Mil, démographie et sécurité alimentaire au Niger »

Le mil est la céréale la mieux adaptée aux zones semi-arides et arides. Il constitue toujours, avec le sorgho, la base de l'alimentation et la plante de civilisation incontournable des populations du Sahel. Cependant les populations sahéliennes, dont la croissance démographique dépasse les 3 % par an, sont déjà pour la plupart en situation d'insécurité alimentaire chronique. C'est le cas en particulier au Niger, où le déficit tendanciel de la production nationale est aujourd'hui de l'ordre de 20 %.

Les besoins de la population nigérienne vont être multipliés par 2 d'ici à 2020, et par 4 ou 5 à l'horizon 2050. Le rythme actuel de croissance de la production nationale de céréales, constituée à 80 % de mil, est beaucoup trop faible pour faire face à ces besoins. Une augmentation rapide des rendements et une réduction de la croissance démographique apparaissent plus que jamais nécessaires pour éviter un recours de plus en plus important aux importations de céréales et à l'aide alimentaire.

Mots-clés : Mil — Niger — Besoins alimentaires — Sécurité alimentaire.

B. Ouendeba et B. Sogoba Siaka : « Le mil [*Pennisetum glaucum* (L.) R. Br.] au Niger : généralités et résultats de la sélection »

Le Niger, situé au cœur de l'Afrique de l'Ouest, zone d'origine et de domestication du mil, renferme une large diversité génétique pouvant jouer un rôle essentiel dans le développement de cultivars productifs pour satisfaire des besoins de plus en plus croissants des populations. La variabilité au sein des écotypes locaux pourrait être exploitée dans le développement des pools de gènes avec une large base génétique. La dernière collecte réalisée en 1990 dans le pays a permis de classer les écotypes en 3 groupes : mils d'oasis, mils à épis courts et mils à épis long.

Le mil, qui reste la céréale la plus cultivée au Niger, tolère la sécheresse, la faible fertilité et le faible pH des sols. Sa cul-

ture est pratiquée chaque année sur plus de 5 millions d'hectares, avec un rendement moyen de 400 kg/ha et une production de grain qui avoisine 2 millions de tonnes. Les activités de recherche menées d'abord par l'IRAT puis par l'INRAN et l'ICRISAT ont, à travers la sélection massale et la sélection recurrente, permis de développer des variétés plus performantes que les variétés locales dans de bonnes conditions de production. Les récentes activités de recherche de l'ICRISAT au Niger, sur l'exploitation de la vigueur hybride, ont permis de sélectionner des lignées mâle-stériles adaptées et tolérantes au mildiou ; l'utilisation de ces lignées dans la création d'hybrides a été concluante et plusieurs hybrides ont fail l'objet de tests en stations et en milieu paysan.
Le développement de cultivars productifs va jouer un rôle important dans le processus de la sécurité alimentaire et aussi dans l'amélioration des revenus des paysans grâce à la forte demande des produits transformés à base de mil.

Mots-clés : Niger — Mil — Sélection variétale — Ecotypes locaux — Variétés hybrides.

M. Kouressy, M. Vaksmann, O. Niangado, M. Sanogo : « Valorisation et préservation de la diversité génétique du mil au Mali »

Les pays soudano-sahéliens se caractérisent par une variabilité climatique importante. Les principaux facteurs qui limitent la production sont la décision de semis, le choix d'une variété et le calage de son cycle de culture. Ce dernier est particulièrement difficile, car la saison des pluies débute de façon erratique et s'interrompt brusquement. Les caractéristiques de l'année pluviométrique ont été déterminées par l'étude de l'évolution du remplissage de la réserve en eau utile du sol, simulée à l'aide d'un modèle simple de bilan hydrique ; on montre que la durée de la saison de pluies est très variable d'une année sur l'autre et dépend essentiellement de la date d'arrivée des pluies. Le photopériodisme des mils locaux se manifeste par un raccourcissement de la durée du cycle lorsque le semis est retardé. Ce phénomène permet l'ajustement de la durée du cycle de la plante à la durée probable de la saison des pluies. Le caractère photopériodique du mil est de nature polygénique et relativement facile à fixer au sein d'une population.

Il est aussi compatible avec une forte réduction de la longueur des entre-nœuds sur la tige.
Pour faire face à l'intensification de cette céréale, nous avons créé des pools géniques à large base génétique locale. Ces populations évolueront dans différents environnements pour déboucher sur des populations spécifiquement adaptées.

Mots-clés : Mali — Mil — Photopériodisme — Amélioration génétique — Pools géniques.

K. vom Brocke, E. Weltzien, A. Christinck, T. Presterl, V. Hoffmann and H.H. Geiger : « Étude de la diversité des variétés traditionnelles de mil au Rajasthan (Inde) »

Au Rajasthan, le mil [*Pennisetum glaucum* (L.) R. Br.] est la nourriture de base des populations ainsi qu'une culture fourragère. Cette étude analyse la diversité génétique des mils à l'aide des marqueurs AFLP en relation avec des résultats d'enquêtes sur les savoir-faire paysans et les systèmes semenciers. Trente-neuf cultivars ont été utilisés : 14 variétés locales de l'ouest du Rajasthan, 13 variétés locales de l'est du Rajasthan et 12 cultivars servant de contrôle. Selon les paysans, le même type de variété locale est cultivé dans tout l'ouest du pays. Par contre, dans l'est, les paysans distinguent plusieurs types morphologiques dans les variétés traditionnelles, couramment dénommés d'après le nom du village d'où ils proviennent. Une analyse de variance moléculaire (AMOVA) montre que la variation intra-populations des variétés traditionnelles est plus forte que la variation inter-régions. Dans l'ouest, la variation intra-villages est plus forte que la variation inter-villages. Dans l'est, la variation entre les groupes variétaux portant un nom spécifique est plus forte que la variation intra-groupes. Les données sur les savoir-faire des paysans et sur les systèmes semenciers confirment en grande partie les résultats obtenus à partir des marqueurs AFLP. Ces résultats sont intéressants pour la conservation *in situ* et la mise au point de stratégies de sélection en vue d'améliorer les variétés traditionnelles, en particulier en ce qui concerne l'augmentation et la stabilité des rendements.

Mots-clés : Mil — Rajasthan — Gestion semencière — Diversité — Ressources des variétés locales.

G. O. Omanya : « Le mil [*Pennisetum glaucum* (L.) R. Br.] : transfert de technologie et sélection participative »

La sélection participative a comme objectifs d'augmenter la création et le transfert de graines améliorées et d'en accélérer l'adoption par les paysans. Une étude préliminaire a été conduite en août et septembre 2001 au Niger, Nigeria, Mali et Burkina Faso. Cette étude a pu mettre en évidence les caractéristiques du mil recherchées par les paysans : un rendement en grains élevé, un cycle court, une chandelle longue et compacte, un fort tallage, une bonne résistance à la sécheresse, un bon goût et une bonne aptitude du grain pour la cuisine. Les contraintes à l'adoption par les paysans des variétés améliorées sont les valeurs traditionnelles, la précocité, les dommages causés par les oiseaux, la disponibilité en semences, le coût des engrais et leur disponibilité. Les paysans soulignent également que les freins essentiels à une bonne production sont la pauvreté des sols, la sécheresse, le striga, les attaques des mineuses de l'épi, les dommages causés par les oiseaux et la réticence à utiliser les variétés améliorées et à mettre en œuvre des techniques culturales meilleures. Les résultats ont également montré la forte ignorance des paysans vis-à-vis des variétés améliorées, ce qui est en partie dû à leur faible implication dans le développement de variétés améliorées et à une agriculture peu développée. Tout cela gêne et retarde l'utilisation des variétés améliorées de mil. Les paysans sont disposés à adopter les variétés qui possèdent les caractéristiques qu'ils préfèrent. L'étude insiste sur la nécessité pour les scientifiques et les vulgarisateurs d'intégrer de façon permanente les paysans dans la création, le développement et la diffusion des variétés de mil.

Mots-clés : Afrique de l'Ouest — Sélection participative — Mil — Variétés améliorées — Développement.

M. I. Magha : « Conservation et utilisation durable des ressources génétiques des mil, sorgho, niébé et sésame menacées de disparition au Niger »

Après un rappel historique sur la construction du projet « Conservation et utilisation durable des ressources génétiques des mil, sorgho, niébé et sésame menacées de disparition au

Niger », l'auteur nous fait une description de ce projet. Dans un premier temps, l'importance des quatre espèces est soulignée, puis suit un état des lieux en ce qui concerne la diversité de ces quatre cultures. Les menaces qui pèsent sur cette diversité sont décrites et l'auteur développe les conséquences de la perte de diversité génétique de ces espèces cultivées. Vient ensuite une présentation détaillée du projet : la finalité, les objectifs généraux et spécifiques, les résultats attendus selon les objectifs fixés. L'auteur termine par une réflexion sur la conservation *in situ,* en s'interrogeant sur les stratégies à adopter (quelle échelle géographique, quelle diversité prendre en considération,...) et sur leur durabilité.

Mots-clés : Mil — Sorgho — Niébé — Sésame — Diversité génétique — Ressources biologiques.

K. vom Brocke, G. Trouche, M. Vaksmann et D. Bazile : « Préservation de l'agrobiodiversité du sorgho au Mali et au Burkina Faso par l'amélioration participative des cultivars locaux »

Le sorgho (*Sorghum bicolor* (L) Moench) est la principale céréale cultivée au Burkina Faso et la deuxième au Mali. Une diversité variétale importante est gérée par les agriculteurs pour divers objectifs de production. Malgré le fort accroissement des besoins alimentaires prévus pour ces deux pays pour les vingt prochaines années, les rendements en sorgho sont restés faibles et l'augmentation de la production est essentiellement due à l'extension des surfaces emblavées ; de plus, le sorgho subit une érosion génétique. L'objectif du projet est donc de concilier le maintien de la biodiversité du sorgho et l'accroissement de la productivité. Le projet est constitué de sept étapes de travail qui impliquent des équipes pluridisciplinaires de recherche, des services de développement et des organisations paysannes d'une façon participative. Ces dernières sont majoritaires dans les instances de décisions et d'exécution. Le but du projet est de développer une large gamme de nouvelles variétés performantes et adaptées aux conditions climatiques locales et aux besoins et préférences des agriculteurs. Leur diffusion permettrait de préserver la biodiversité du sorgho.

Mots-clés : Sorgho — Agrobiodiversité — Recherche participative — Conservation *in situ* — Variétés locales.

R. G. Zangré, M. Ouédraogo : « Les politiques nationales de conservation des ressources génétiques du mil au Burkina Faso »

Au Burkina, les ressources génétiques du mil jouent un grand rôle dans la production agricole et participent de manière significative à la sécurité alimentaire. La production du mil dans le pays est assurée en grande partie par les écotypes locaux issus des techniques de sélection paysannes et dont les analyses agromorphologiques et enzymatiques ont montré la très grande variabilité génétique. Depuis ces 30 dernières années, la situation a changé au détriment de cette variabilité. En effet, avec les cycles successifs de sécheresse depuis les années 1970 et la pression de plus en plus forte sur les ressources naturelles d'une population en croissance rapide, on assiste à la dégradation des écosystèmes, à l'appauvrissement des sols et à la disparition d'un certain nombre de cultivars conduisant ainsi à l'érosion génétique. Malgré l'importance des ressources génétiques du mil et les problèmes mentionnés, il n'existe pas encore de politique spécifique en faveur de leur conservation et de leur utilisation adéquate. Quelques approches et stratégies mises en œuvre ont permis cependant de mener des activités de recherche sur les ressources phytogénétiques, permettant ainsi de garantir un tant soit peu leur conservation *ex* et *in situ*, et également leur utilisation dans les programmes d'amélioration variétale. Cette stratégie est basée sur le partenariat avec un certain nombre d'institutions intéressées par les ressources phytogénétiques.

Il s'agit pour la conservation *ex situ*, notamment, des instituts français (IRAT, IRD), et des instituts internationaux (IPGRI, FAO, ICRISAT). Ainsi, avec ces partenaires, le Burkina a pu réaliser la prospection et la collecte sur l'ensemble du territoire de tout le matériel génétique du mil, formes cultivées et sauvages. Au total, 1 570 échantillons de mil dont 3 formes sauvages ont été collectés de 1960 à 1999 dont la plupart sont conservés par l'ICRISAT (Inde), l'IRD (France) et le CIRP (Canada). Les échantillons légués au Burkina sont conservés à la station de recherche de Farako Bâ et utilisés dans le programme de sélection après évaluation.

Au cours des dernières années, la réalisation d'un certain nombre de projets a permis d'analyser les connaissances et

les savoir-faire paysans dans la conservation *in situ* de l'agrobiodiversité du mil. De même, il a été étudié les flux de gènes et les introgressions entre formes sauvages et cultivées.
Dans le cadre de cette stratégie, le Burkina a signé également tous les accords et conventions internationaux, régionaux et sous-régionaux sur la protection des ressources biologiques, dont le plus récent est le Protocole de Cartagena sur la prévention des risques biotechnologiques.
Des textes relatifs à la mise en place d'un cadre national sur les ressources phytogénétiques sont élaborés et en cours de finalisation. L'adoption de ces textes permettra de prendre en compte de manière spécifique la problématique « ressources phytogénétiques » dans la politique de recherche au Burkina.

Mots-clés : Approches et stratégies — Partenariat — Conservation *ex situ* — Conservation *in situ* — Accords et conventions.

T. Robert, A. Luxereau, C. Mariac, A. Kairou, C. Allinne, A. I. Amoukou, J. Bani, M. Banoin, Y. Beidari, G. Bezançon, S. Cayeux, E. Couturon, V. Dedieu, I. Gamatché, A. Hamidou, D. Moussa, M. Sadou, M. Seydou, O. Seyni, M. Tidjani, A. Sarr : « Gestion de la diversité en milieu paysan : influence de facteurs anthropiques et des flux de gènes sur la variabilité génétique des formes cultivées et spontanées du mil (*Pennisetum glaucum*) dans deux localités du Niger »

Le projet a été réalisé au Niger (pays Zarma-Songhai) à l'aide d'analyses anthropologiques et génétiques, autour de deux axes de recherche : i) l'étude des relations entre la diversité des pratiques agricoles, les flux de gènes entre variétés et l'organisation de la diversité aux niveaux agromorphologique et moléculaire ; ii) l'analyse des relations génétiques entre formes cultivées, sauvages et intermédiaires (*soun*).
Les résultats montrent que les pratiques agricoles favorisent les brassages génétiques entre populations variétales, et la dissémination des *soun* à l'échelle du village et de la région, via les flux de semences. Ceci expliquerait l'abondance des *soun* dans les champs de la région. L'absence de différenciation génétique (au niveau des marqueurs moléculaires) entre variétés démontre aussi l'importance quantitative des flux de gènes par le biais des hybridations. Ainsi, la gestion

des semences, sans doute moins autarcique qu'auparavant, les pratiques culturales et la forte allogamie du mil conduisent à un processus d'homogénéisation, au niveau régional, des variétés cultivées par les agriculteurs. Il est toutefois difficile de savoir s'il s'agit d'un processus récent. Ce processus aurait pour conséquences une déstructuration rapide des qualités d'adaptation des variétés aux conditions locales, et une augmentation de l'introgression par des gènes des formes sauvages dont la présence des *soun* est une manifestation. Il pourrait à l'extrême conduire à une « dé-domestication » du mil dans ces régions soumises à des pénuries de production chroniques et donc participer à l'aggravation du phénomène.

Mots-clés : Afrique — Niger — Mil — Savoirs locaux — Pratiques paysannes — Ressources génétiques — Flux de gènes — Marqueurs AFLP – Gestion à la ferme.

B. Dossou, D. Balma, M. Sawadogo et D. Jarvis : « Le rôle et la participation des femmes dans le processus de conservation *in situ* de l'agrobio-diversité au Burkina Faso »

Le concept de conservation *in situ* de l'agrobiodiversité est en pleine expérimentation au Burkina Faso. Afin de déterminer le degré d'implication et de participation de la femme dans ce processus, une étude a été menée. Ainsi, des enquêtes auprès de 48 hommes et 109 femmes ont été réalisées dans les localités de Médéga, Tougouri, Gourga, Pobé-Mengao, Ouahigouya. Les données issues de l'enquête sont complétées par des observations directes dans les champs, greniers, cuisines, marchés, lieux de transformation des produits agricoles, etc.

Il ressort des investigations que la femme est impliquée dans le processus de conservation *in situ* et ceci à plusieurs niveaux :

– sélection variétale : la femme a un grand pouvoir de décision dans la sélection et le maintien des variétés de gombo et d'arachide dans toutes les localités enquêtées ; elle intervient moyennement pour le choix des variétés de mil et de sorgho ; cependant, le pouvoir de sélection variétale de la femme est faible pour le niébé et nul pour le fabirama (pomme de terre mossi).

– participation des femmes aux travaux champêtres : la femme est très impliquée et y consacre 70 % de son temps à réaliser divers travaux : elle assure pour le labour (30 à 45 %), le semis (95 %), le sarclage (40 %), le transport des produits (45 %), le décorticage (90 %), le stockage (80 %). On constate avec ces chiffres que l'on retrouve la femme sur toute la chaîne de production.
– participation des femmes à la transformation et commercialisation des produits agricoles : les produits agricoles sont transformés dans 95 % des cas par la femme. C'est elle qui donne aux produits agricoles une certaine valeur ajoutée quoique les procédés utilisés soient encore artisanaux. Elle y gagne des revenus monétaires non négligeables. La commercialisation des produits agricoles est assurée à la fois par la femme et l'homme. Remarquons cependant que les hommes s'investissent plus dans la vente en gros et demi-gros. La vente au détail est à 95 % assurée par les femmes. Très souvent, les femmes et les hommes achètent, stockent et revendent les produits pendant les périodes de soudure, ce qui leur procure plus de bénéfices.
– conservation des semences et grains : la femme connaît et respecte les règles de conservation : plantes et autres substances de conservation des semences, choix adéquats des meilleurs contenants et de la bonne période lunaire ; tout en respectant des interdits, la femme garantit la tradition et transmet ce savoir-faire de générations en générations.
La femme Burkinabé associe culture, économie et environnement pour tirer de la conservation *in situ* des bénéfices directs et indirects (argent, épanouissement social, protection de l'environnement, sécurité alimentaire, etc.).

Mots-clés : Femmes — Conservation *in situ* — Agrobiodiversité — Burkina Faso – Participation.

Abstracts

J.-P. Guengant and M. Banoin: "Pearl millet, demography and food security in Niger"

Millet is the cereal best adapted to arid and semi-arid zones. It still constitutes, along with sorghum, the staple food of the diet of Sahelian populations, for whom it remains an uncontested plant of civilisation. However, with a demographic growth of over 3 percent a year, most Sahelian populations are today in a state of chronic food shortage. This is the case in Niger, where the trend in national cereal production is a deficit of about 20 percent.

The cereal needs of Niger population will double between now and the year 2020, and by the year 2050 will have grown by 4 or 5 times. At current rates, the national production of cereals, 80 percent of which is millet, is far too low to cover these needs. Rapid increase of yields and a deceleration of demographic growth are more than ever necessary to avoid massive recourse to food imports and to food aid.

Key words: Pearl millet — Niger — Food needs — Food security.

B. Ouendeba and S.B. Siaka: "Pearl millet *[Pennisetum glaucum* (L.) R. Br.] in Niger : generalities and results in plant breeding"

Niger Republic, located in West Africa where pearl millet originated, has a large genetic diversity that could be used in the development of productive cultivars essential to meet the needs of the increasing population. The variability among the landraces is important when developing gene pools with large genetic variability. Based on the last survey made in 1990, we can classify the pearl millet landraces into 3 groups : (1) pearl millets from oasis, (2) short headed and (3) long headed pearl millets.

Pearl millet, the most widely grown cereal in Niger, is tolerant to drought, to low soil fertility and to low soil pH. Each year, more than 5 millions hectares are planted with an average yield of 400 kg/ha and a total production of 2 millions tons.

The research activities implemented by IRAT, INRAN and

ICRISAT have, through mass selection and recurrent selection, led to the development of varieties performing better than local varieties in favorable growing conditions. ICRISAT recent research activities on heterosis, led to the development of adapted male-sterile lines tolerant to downy mildew ; promising hybrids from the male sterile lines were tested on station and on farmers'fields.

The development of productive cultivars will play a key role in the process of food security and on farmers'incomes because of the high demand of millet-based products in urban areas.

Key words: Pearl millet — Niger — Plant breeding — Landraces — Hybrid varieties

M. Kouressy, M. Vaksmann, O. Niangado and M. Sanogo: "Valorization and preservation of pearl millet genetic diversity in Mali"

The countries of the Sudan – Sahel region are characterized by a strong climatic variability. The factors that determine the production in that area are mainly the sowing date, the choice of the variety and the scheduling of the cropping period. In this region the rainfall seasons often starts erratically and ends abruptly. The characteristics of a yearly rainfall were studied by using a simple water balance model to simulate the evolution of the soil useful water content. It was established that the duration of rainfall seasons varies from one year to the other and depends upon the starting date of rainfall.

The photoperiodism of local millet genotype is shown when a shortening of the plant production cycle is observed, following a late planting date. The occurring of such phenomenon explains a physiological adjustment by the millet plant of its production cycle to the probable duration of the rainy season. Many genes (polygenic) that are relatively easy to be fixed within a millet population control photoperiodism in millet. The photoperiodism also lines up consistently with a strong shortening of the plant stem inter-nods.

To face the challenge of millet crop intensification many genetic pools were created, each of them having a very large genetic base sustained by local genotypes. These populations will be grown in different environments with the aim to identify those with best specific adaptations.

Key words: Mali — pearl millet — photoperiodism — plant breeding — genes pools.

K. vom Brocke, E. Weltzien, A, Christinck, T. Presterl, V. Hoffmann and H.H. Geiger: "Diversity study of pearl millet landraces in Rajasthan (India)"

Pearl millet (*Pennisetum glaucum* [L.] R. Br.) is the staple food and fodder crop of Rajasthan in northwest India. Using amplified fragment length polymorphism (AFLP), this study investigated pearl millet genetic diversity patterns and related the results to farmers' local knowledge and seed systems. Thirty-nine cultivars were assessed : 14 farmer landraces from western Rajasthan, 13 farmer landraces from eastern Rajasthan, and 12 control cultivars. According to farmers, the same pearl millet landrace type grows across all of western Rajasthan. In eastern Rajasthan, on the other hand, farmers distinguish between several different morphological landraces that are commonly named after their village of origin. Analysis of molecular variance (AMOVA) revealed that variation within landrace populations was much higher than between regional samples. In the west, intra-village variation was higher than inter-village variation. In the east, variation between landrace groups bearing a specific name was higher than intra-group variation. Farmers' knowledge of local varieties and seed systems was, for the most part, supported by the AFLP analysis. These results are relevant for *in situ* maintenance and breeding strategies with a view to improving traditional varieties, specifically performance and yielding stability.

Key words: Pearl millet — Rajasthan — Seed management — Diversity — Landraces resources.

G. O. Omanya: "Transfer of Technology and Participatory Plant Breeding for Pearl Millet [*Pennisetum glaucum* (L.) R. Br.]"

Participatory plant breeding intends to enhance the development and transfer of new or improved seeds and their accelerated adoption by farmers. Experience is drawn from a reconnaissance survey carried out in August and September 2001 in Niger, Nigeria, Mali and Burkina Faso. This survey indicated that farmers'preferred traits for pearl millet were high grain yield, early maturity, long head, compact head, high tillering, drought resistance, adaptation and taste of cooked grain. Farmers'constraints to adoption of improved varieties were lack of awareness, traditional values, seed availability, early maturity, bird damage, fertilizer cost and its availability. Farmers also cited that their main constraints to production were poor soil fertility, drought, striga, head miner attack, bird damage and lack of awareness of improved varieties and better agronomic management. The results indicate that farmers are largely unaware of improved pearl millet varieties, partly due to limited involvement of farmers in varietal development and to weak agriculture extension. This appears to delay or hinder transfer of technology, herein described as improved pearl millet varieties. Farmers were willing to take up pearl millet varieties which have their preferred characteristics. The survey emphasizes the need for scientists and extensionists to integrate farmers permanently in pearl millet varietal development and diffusion.

Key words: West Africa — Participating plant breeding — Pearl millet — Improved varieties — Development.

M. I. Magha: "Preservation and sustainable utilization of endangered genetic resources of pearl millet, sorghum, cowpea and sesame in Niger."

The author describes the genesis and content project of the « Sustainable preservation and utilization of endangered pear millet, sorghum, cowpea and sesame genetic resources in Niger ». He shows how these four crops are important for the country and presents their diversity in Niger. Then, threats and consequences of loss of genetic diversity for these crops are discussed.

The author then describes the general and specific objectives, and the outcomes of the project. Finally, the author discuss several questions about *in situ* conservation : patterns and strategies be used (geographical scale and kind of diversity to be considered), and their sustainability.

Key words: Pearl millet — Sorghum — Cowpea — Sesame — Genetic diversity — Biological resources.

K. vom Brocke, G. Trouche, M. Vaksmann and D. Bazile: "Safeguarding sorghum agrobiodiversity in Mali and Burkina Faso and landraces participating plant breeding"

Sorghum (*Sorghum bicolor* (L) Moench) is the principal cereal cultivated in Burkina Faso and the second major cereal in Mali. Farmers in these countries manage a diversity of sorghum varieties for various uses. Despite of rising nutritional needs estimated for both the countries for the next twenty years, sorghum yields stay low and production increases are essentially due to an extension of the area under cultivation. Furthermore genetic erosion of sorghum landraces is observed. The objective of the present study is to reconcile maintaining sorghum biodiversity with improving its productivity. The seven stages of the project all implicate multidisciplinary teams, consisting of scientists, development workers, ONGs and farmer organisations working in a participatory manner. The latter have the majority in the instances of decision making and implementation. The aim of the project is to develop a range of diverse new sorghum varieties. These varieties should be productive and adapted to the local climatic conditions as well as to farmers preferences and needs. Their diffusion would permit the maintenance of biodiversity.

Key words: Sorghum — Agrobiodiversity — Participatory research — *In situ* conservation — Landraces.

R. G. Zangré and M. Ouédraogo: "National policies for pearl millet genetic resources conservation in Burkina Faso"

Pearl millet genetic resources play an important role in crop production and food security in Burkina Faso. Most of millet varieties planted every year are originate from landraces developed through farmers' traditional breeding techniques. Agromorphological and enzymatic data analyses show high levels of genetic variability in local millet ecotypes. Over the last three decades, this variability was affected by multiple unfavourable factors like repeated cycles of drought and human pressure on natural resources. The consequences of this situation are ecosystems degradation, low soil fertility, disappearance of long cycle cultivars and genetic erosion. To address this problem, a large number of countries developed policies to conduct phytogenetic resources research programmes. Despite their importance, Burkina Faso has not yet a specific policy for millet genetic resources. But some approaches and strategies based on partnership for ex and *in situ* conservation are taken into account.

Ex situ conservation in Burkina involved germplasm collection through out the country with IRAT, IRD (ex ORSTOM), IPGRI, FAO, ICRISAT. From 1960 to 1999, more than 1570 samples of pearl millet ecotypes included 3 wild types were collected. This germplasm is conserved at ICRISAT (India), IRD (France) and ICPR (Canada). Agromorphological and enzymatic evaluations were done on the genetic material. Some samples are conserved in freezers at Farako-Bâ research station and used in the national breeding programme.

In situ conservation research has been developed over the last seven years (1996). These research activities studied farmers' knowledge related to agrobiodiversity conservation and management. One of the project activities analyses gene flow and genetic introgression between cultivated and wild millet types.

Burkina Faso signed a large number of international, regional and sub-regional conventions and agreements related to the preservation and management of biologic resources. The last one is the Cartagena Protocole for biosafety.

In 2002, Burkina Faso began to elaborate a national framework for phytogenetic resources.

Key words: Approach and Strategies — Partnership — *Ex situ* conservation — *In situ* conservation — International Conventions.

T. Robert, A. Luxereau, C. Mariac, A. Kairou, C. Allinne, A. I. Amoukou, J. Bani, M. Banoin, Y. Beidari, G. Bezançon, S. Cayeux, E. Couturon, V. Dedieu, I. Gamatché, A. Hamidou, D. Moussa, M. Sadou, M. Seydou, O. Seyni, M. Tidjani and A. Sarr: "Diversity management in farming environment: influence of anthropological factors and gene flows on genetic variability of wild and cultivated pearl millet (*Pennisetum glaucum*) in two places in Niger."

The project was settled mainly in two localities in west Niger (Zarma-Songhai region). It includes both anthropologic and genetic analyses and aims at : i) studying the relationships between farmers' practices, gene flow and the organization of diversity at morphological and molecular levels ; ii) analysing the genetic relationships between domesticated, wild and intermediate forms (*soun*) of pearl millet based on their genetic and morphological evaluation at the field level. The purpose was to understand the origin of so-called *soun* (plants with intermediate domesticated/ wild phenotypes) and to evaluate the level of introgression of cultivated populations by genes from the wild.

The results showed that, although diverse, farmer practices favour very large genetic admixture at the village and even regional scale, through important seed flows (seed exchanges and supply networks). A consequence of this is the near-absence of any genetic differentiation (at the molecular level) between populations of the same variety cultivated by different farmers, even in remote villages. Both the abundant seed flows and the existence of a large seed bank in the soil could explain why *soun* are so abundant in large areas in the region, even where no wild forms are found.

Moreover, the very low level of genetic differentiation between different varieties (including between early and semi-late flowering ones) can be used as a proof of the sizeable gene flow through hybridization at the field level (different varieties are often found in the vicinity of each other or even in the same field).

Farmers are able to identify the different varieties they grow and to manage them separetely. Nevertheless, different factors act together to lead both to the homogeneization of the cultivated gene pools, and then varieties, at large geographical scales and to the existence of gene flow between domesticated and non domesticated forms of pearl millet. In

particular, farmers pressures during the seed selection process cannot be neither strong nor evenly applied due to the scarcity in production. We think also they are probably less strong that they used to be ; cultural practices and the largely preponderant outcrossing mating system promote hybridization between different varieties ; weeding is not efficient and/or discriminant enough to remote all the soun growing in the field, so that the proportion of these plants can sometimes reach several tens per cent.
However, it is difficult to ascertain whether we are facing a recent evolutionary process due to dramatic social and ecological (repeated drought) changes. If this were the case, this could lead to a decrease in the level of adaptation of cultivated populations to their local environment and to an increase in their introgression by genes from the wild. At the end, this could lead to a « de-domestication » of pearl millet in this region that already suffers of scarcity in the production of this crop, reinforcing therefore this situation.

Key words: Africa — Niger — Pearl millet — Local knowledge and farmer practices — Genetic resources — Gene flow — AFLP — On farm management.

B. Dossou, D. Balma, M. Sawadogo and D. Jarvis: "Women's part and participation in *in situ* conservation process in Burkina Faso."

The *in situ* conservation approach is being experimented in Burkina Faso.
Research was conducted to evaluate the real participation of women in the process of *in situ* conservation. Thus, 109 women and 48 men from four villages (Médéga, Ouahigouya, Gourga, Pobé Mengao) were surveyed. Individual and group interviews were carried out. Collected data were completed with direct observations in fields, granaries, markets, places of transformation, etc.
The women are involved in the process of *in situ* conservation at several levels :
– level of farm works : women of Burkina Faso devote more than 70 % of their time to these different works : the women intervene in ploughing (30 – 45 %), seedling (95 %), weeding (40 %), transportation of products (45 %), shelling (90 %), stocking (80 %).

– In some regions, according to their age and social rank, they intervene also in the selection, distribution, exchanges and conservation of varieties in the village and vicinities.
– In the sector of the transformation, women are the main actors (more 95 % of products are transformed by women). The women add value to agricultural products ;
– Women are totally in charge of seeds retail sale ; the wholesale is done both by men and women.
Women know and respect rules of conservation : plants used for preservation, the forms of the granaries, bottles, practices and good lunar periods. The women ensure the tradition and transmit it from generation to generation.
Women, especially the Bixa in Médéga (village) have a large power to select varieties of sorghum, pearl millet, ground-nut and cowpea.
For okra, they alone select, maintain, exchange varieties. In all visited villages, only seeds of Frafra potatoes are exclusively selected by men.
Women of Burkina Faso address social, environmental and economical needs though their commitment and their know-how. They get from *in situ* conservation direct and indirect benefits (money, protection of the environment, food security).

Key words: Women — *In situ* conservation — Agrobiodiversity — Burkina Faso — Participation.

Liste des auteurs

Clémentine **Allinne**, IRD, B.P. 11416 Niamey, Niger.
clementine.allinne@ird.ne

Adamou I. **Amoukou**, Faculté d'Agronomie , BP. 10960 - Niamey, NIGER.
cresa@intnet.ne

Didier **Balma**, Coordonnateur du Programme National de Ressources Phytogénétiques, Ministère des Enseignements Secondaire et Supérieur et de la Recherche Scientifique, 01 BP 476 Ouagadougou 01, Burkina Faso.
g.ipgri@cgiar.org

Jibril **Bani**, Faculté d'Agronomie , BP. 10960 - Niamey, NIGER.
cresa@intnet.ne

Maxime **Banoin**, Faculté d'Agronomie , BP. 10960 - Niamey, NIGER.
cresa@intnet.ne

Didier **Bazile**, IER/SIG-CIRAD/TERA, B.P. 1813 Bamako, Mali.
bazile@cirad.fr

Yakouba **Beidari**, IRD, B.P. 11416 Niamey, Niger.
Coubou1@caramail.com

Gilles **Bezançon**, IRD, B.P. 11416 Niamey, Niger.
bezancon@ird.ne

Kirsten vom **Broke**, GIRAD-INERA, B.P. 596 Ouagadougou, Burkina Faso.
Vbroke.cirad@fasonet.bf

Sonia **Cayeux**, Laboratoire Evolution et Systématique, Bat 360, Université Paris-XI, 91 405 Orsay, France.
misizso@yahoo.fr

Anja **Christinck**, Gniechenbach 54, 36129 Gerfeld, Allemagne.
a.chris@t-online.de

Emmanuel **Couturon,** UMR DGPC, CIRAD - Pôle de Protection des Plantes, 7, chemin de l'IRAT, Ligne Paradis, 97410 Saint Pierre, La Réunion.
couturon@cirad.fr

Valérie **Dedieu**, IRD, B.P. 11416 Niamey, Niger.
v.dedieu@caramail.com

Bernadette **Dossou**, c/o Didier Balma, Coordonnateur du Programme National de Ressources Phytogénétiques, Ministère des Enseignements Secondaire et Supérieur et de la Recherche Scientifique, 01 BP 476 Ouagadougou 01, Burkina Faso.
g.ipgri@cgiar.org

Ibrahim **Gamatché**, Faculté d'Agronomie, BP. 10960 - Niamey, NIGER.
cresa@intnet.ne

Hartwig H. **Geiger**, 350 Institute of Plant Breeding, Seed Science, and Population Genetics University of Hohenheim, D-70593 Stuttgart, Allemagne.
Geiger@pz.uni-hohenheim.de

Jean-Pierre **Guengant**, IRD, 956 Avenue Agostino Neto, 01 B.P. 182 Ouagadougou 01, Burkina Faso.
guengant@ird.bf

Abdoulaye **Hamidou**, Faculté d'Agronomie, BP. 10960 - Niamey, NIGER.
cresa@intnet.ne

Volker **Hoffmann**, Institute for Social Science of the Agricultural Sector, Department of Agriculturam Communication and Extention, University of Hohenheim (430a), D-70593 Stuttgart, Allemagne.
vohoff@uni-hohenheim.de

Devra **Jarvis**, Genetic Resources Science and Technology Group - GRST, IPGRI Headquarters, Via dei Tre Denari 472/a, 00057 Maccarese (Fiumicino), Italy.
d.jarvis@cgiar.org

Ali **Kairou**, Faculté d'Agronomie, BP. 10960 - Niamey, NIGER.
cresa@intnet.ne

Mamoutou **Kouressy**, IER-Sotuba, B.P. 262 Bamako, Mali.
Mamoutou.kouressy@ier.ml

Anne **Luxereau**, CNRS/IRD, B.P. 11416 Niamey, Niger.
luxereau@ird.ne

Mahamadou **Magha**, ROPPA, 09 B.P. 884 Ouagadougou, Burkina Faso.
Mahamadou.magha@roppa-ao.org

Cédric **Mariac**, IRD, DYNADIV-DGPC, 911, Avenue Agropolis, B.P. 64501, 34394 Montpellier Cedex 5, France.
mariac@mpl.ird.fr

Djibo **Moussa**, IRD, B.P. 11416 Niamey, Niger.
Mdjibo4@caramail.com

Oumar **Niangado**, Fondation Syngenta, B.P. E1449 Bamako, Mali.
oniangado@afribone.net.ml

Gospel **Omanya**, ICRISAT, B.P. 12404 Niamey, Niger.
g.omanya@cgiar.org

Mahamadi **Ouédraogo**, INERA-CREAF/K, B.P. 476 Ouagadougou, Burkina Faso.
ouedmadim@yahoo.fr

Botorou **Ouendeba**, INRAN, B.P. 429 Niamey, Niger.
ouendeba.botorou@coraf.org

Jean-Louis **Pham**, IRD, DYNADIV-DGPC, 911, avenue Agropolis, P.P. 64501, 34 394 Montpellier Cedex 5, France.
pham@mpl.ird.fr

Thomas **Presterl**, KWS Saat AG, Grinselstr. 31, 37555 Einbeck, Allemagne.
presterl@kws.de

Thierry **Robert**, Laboratoire Evolution et Systématique, Bat 360, Université Paris-XI, 91 405 Orsay, France.
Thierry.Robert@ese.u-psud.fr

Mahamane **Sadou**, IRD, B.P. 11416 Niamey, Niger.
Mdjibo4@caramail.com

Moussa D. **Sanogo**, IER-Cinzana, B.P. 262 Bamako, Mali.
Moussa.sanogo@ier.ml

Aboubakry **Sarr**, Laboratoire Evolution et Systématique, Bat 360, Université Paris-XI, 91 405 Orsay, France.
Aboubakry.Sarr@ese.u-psud.fr

Mahamadou **Sawadogo**, Université de Ouagadougou, 03 BP 7021 Ouagadougou 03, Burkina Faso.
Sawma@caramail.com

Moumouni **Seydou**, IRD, B.P. 11416 Niamey, Niger.
Mdjibo4@caramail.com

Ousmane **Seyni**, INRAN, B.P. 429 Niamey, Niger.
seyni_fr2000@yahoo.fr

Boureima S. **Sogoba**, Université Abdou Moumouni, B. P. 352 Niamey, Niger.
siakaboureima@yahoo.fr

Moussa **Tidjani,** IRD, B.P. 11416 Niamey, Niger.
tidjani@ird.ne

Gilles **Trouche**, CIAT-CIRAD/CA, CIAT, LM 172 Managua, Nicaragua.
g.trouche@cgiar.org

Michel **Vaksmann**, IER/Agroclimatologie-CIRAD/CA, B.P. 1813 Bamako, Mali.
vaksman@afribone.net.ml

Eva **Weltzien**, ICRISAT, B.P. 230 Bamako, Mali.
e.weltzien@cgiar.org

Roger G. **Zangré**, CREAF/K, 01 B.P. 476 Ouagadougou 01, Burkina Faso.
grzangr@yahoo.fr

Liste des participants

Autorités nigériennes :
Monsieur le Ministre de l'Agriculture : **représenté**
Monsieur le Directeur de l'Agriculture : **représenté**
Monsieur le Directeur de la Recherche : **représenté**
Monsieur le Coordonnateur du CRESA (UAM-Niamey) : Toudou **Adam** Représentant Monsieur le Doyen de la Faculté d'Agronomie

Ambassade de France :
Christophe **Besacier** (Ambassade de France : conseiller pour l'agriculture, SCAC)
David **Sadoulet** (Conseiller auprès de Monsieur le Premier Ministre)

Union européenne :
Madame Marie-Florence **Astoin** (Délégation de la Commission des Communautés européennes)

IRD :
Jean-Pierre **Guengant** (Représentant IRD Niger)
Serge **Hamon** (Directeur UMR Diversité et Génomes des Plantes Cultivées – Montpellier)
Jean-Louis **Pham** (Responsable équipe DYNADIV, UMR DGPC - Montpellier)
Gilles **Bezançon** (DYNADIV, UMR DGPC - Montpellier)
Emmanuel **Couturon** (DYNADIV, UMR DGPC - Niamey)
Cédric **Mariac** (DYNADIV, UMR DGPC - Montpellier)
Anne **Luxereau** (CNRS/IRD-Niamey)
Ali **Kairou** (IRD-Niamey)
Moussa **Tidjani** (IRD-Niamey)
Djibo **Moussa** (IRD-Niamey)
Ousmane **Seyni** (INRAN/IRD Niamey)

Université Paris-VI :
Thierry **Robert** (Maître de conférence)
Clémentine **Alline** (étudiante en DESS)
Marie-Stanislas **Remigereau** (Doctorante)

ICRISAT :
Saïdou **Koala** (Représentant régional)
Bruno **Gérard** (Chercheur - Desert Margin Program)
Gospel **Omanya** (Postdoc - Sélection Participative)
Philippe **Delfosse** (Chercheur - Phytovirologue)
Eva **Weltzien** (Chercheur ICRISAT-Mali

INRAN :
Yadji **Guéro** (Directeur Général)
Hamadou **Moustapha** (Directeur Scientifique)
Issoufou **Kapran** (Sélectionneur Sorgho)

Université Abdou Moumouni (UAM) de Niamey :
Ibrahim **Amoukou** : Maître-assistant, Faculté d'Agronomie
Yacoubou **Bakasso** : Enseignant-chercheur, Faculté des Sciences

ROCAFREMI (Réseau Ouest et Centre Africain de Recherche sur le Mil) :
Botorou **Ouendeba** (Coordonnateur)
Boureima S. **Sogoba** (Sélectionneur Mil)

ILRI (International Livestock Researche Institute) :
Pierre **Hiernaux** (Niger)

IPGRI (International Plant Genetic Resources Institute) :
Bernadette **Dossou** (Représentante régionale, IITA-Bénin)

ONVPE (Organisation Nigérienne des Volontaires pour la Protection de l'Environnement) :
Mahamadou **Magha** (Projet de conservation de la biodiversité au Niger)
Lamine **Attaou** (Projet de conservation de la biodiversité au Niger)

FUGPN (Fédération des Unions des Groupements Paysans du Niger), **MOORIBEN** :
Mamoudou **Hassane** (Secrétaire exécutif)
Boubacar **Ousséïni** (Groupement des Paysans de Téra)

CIRAD:
Kirsten **vom Brocke** (CIRAD - Projet agrobiodiversité Mil et Sorgho), Burkina Faso

Université de Ouagadougou :
Mahamadou **Sawadogo** (Professeur)

CNRST Ouagadougou :
Roger **Zangré** (Directeur, Ouagadougou, Burkina Faso)
Mahamadi **Ouédraogo** (Chercheur, Ouagadougou, Burkina Faso)

IER (Institut d'Economie Rurale), Bamako :
Daouda **Sanogo** (Sélectionneur Mil)
Mamoudou **Kouressi** (Sélectionneur - Projet agrobiodiversité Mil et Sorgho)

Université des Sciences et Techniques, Bamako :
Ousmane **Koïta** (Laboratoire de Biologie Moléculaire Appliquée)

Achevé d'imprimer en avril 2004
sur les presses numériques de l'Imprimerie Maury S.A.S.
21, rue du Pont-de-Fer – 12100 Millau
N° d'impression : D04/28904 R
Dépôt légal : avril 2004